MBA MPA MPAcc MEM
管理类联考

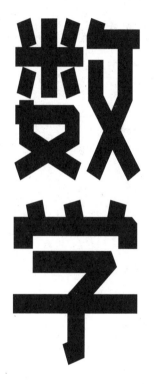

数学 历年真题全解

题型分类版

杨晶 张聪聪 —— 主编

解析分册

北京理工大学出版社
BEIJING INSTITUTE OF TECHNOLOGY PRESS

版权专有 侵权必究

图书在版编目(CIP)数据

MBA MPA MPAcc MEM 管理类联考数学历年真题全解:题型分类版.解析分册/杨晶,张聪聪主编. — 北京:北京理工大学出版社,2021.5
 ISBN 978 − 7 − 5682 − 9800 − 1

Ⅰ.①M… Ⅱ.①杨… ②张… Ⅲ.①高等数学 − 研究生 − 入学考试 − 题解
Ⅳ.①O13 − 44

中国版本图书馆 CIP 数据核字(2021)第 078969 号

出版发行 / 北京理工大学出版社有限责任公司
社　　址 / 北京市海淀区中关村南大街 5 号
邮　　编 / 100081
电　　话 / (010)68914775(总编室)
　　　　　 (010)82562903(教材售后服务热线)
　　　　　 (010)68948351(其他图书服务热线)
网　　址 / http://www.bitpress.com.cn
经　　销 / 全国各地新华书店
印　　刷 / 天津市新科印刷有限公司
开　　本 / 787 毫米×1092 毫米　1/16
印　　张 / 10　　　　　　　　　　　　　　　　　　责任编辑 / 多海鹏
字　　数 / 250 千字　　　　　　　　　　　　　　　　文案编辑 / 多海鹏
版　　次 / 2021 年 5 月第 1 版　2021 年 5 月第 1 次印刷　责任校对 / 周瑞红
定　　价 / 99.80 元(共两册)　　　　　　　　　　　　责任印制 / 李志强

图书出现印装质量问题,请拨打售后服务热线,本社负责调换

目 录

第一部分 算术

第一章 实数、绝对值、比和比例 (1)
- 专题一 实数 (1)
- 专题二 绝对值 (4)
- 专题三 比和比例 (7)

第二章 应用题 (8)
- 专题一 商品问题 (8)
- 专题二 比例问题 (16)
- 专题三 路程问题 (26)
- 专题四 工程问题 (35)
- 专题五 杠杆问题 (41)
- 专题六 浓度问题 (47)
- 专题七 集合问题 (49)
- 专题八 不定方程问题 (52)
- 专题九 线性规划问题 (55)
- 专题十 至多、至少问题 (57)
- 专题十一 分段计费问题 (58)
- 专题十二 植树问题 (59)
- 专题十三 年龄问题 (60)
- 专题十四 求最值问题 (60)

第二部分 代数

第三章 整式、分式与函数 (63)
- 专题一 基本公式的应用 (63)
- 专题二 整式的因式与因式分解 (66)
- 专题三 函数 (69)

第四章　方程及不等式 ··· (74)
　　专题一　方程 ··· (74)
　　专题二　其他方程 ·· (79)
　　专题三　基本不等式 ·· (82)

第五章　数列 ··· (90)
　　专题一　数列的基本概念 ··· (90)
　　专题二　等差数列 ·· (91)
　　专题三　等比数列 ·· (94)

第三部分　几何

第六章　平面几何 ··· (104)
　　专题一　三角形 ··· (104)
　　专题二　三角形求面积 ··· (108)
　　专题三　四边形 ··· (111)
　　专题四　圆和扇形 ··· (114)

第七章　解析几何 ··· (117)
　　专题一　点与直线问题 ··· (117)
　　专题二　圆 ·· (120)
　　专题三　圆与直线 ··· (121)
　　专题四　对称问题 ··· (125)
　　专题五　求最值问题 ··· (126)

第八章　立体几何 ··· (129)
　　专题一　基本几何体 ··· (129)
　　专题二　球与长方体、正方体、圆柱体的关系 ································· (132)

第四部分　数据分析

第九章　排列组合 ··· (134)
　　专题一　加法原理和乘法原理 ·· (134)
　　专题二　组合、阶乘及排列的定义及公式 ······································ (134)

第十章　概率 ··· (140)
　　专题一　古典概型 ··· (140)
　　专题二　相互独立事件与伯努利概型 ·· (147)

第十一章　数据描述 ·· (152)
　　专题一　平均值 ··· (152)
　　专题二　方差和标准差 ·· (153)

第一部分 算 术

第一章 实数、绝对值、比和比例

专题一 实 数

题型一：奇数、偶数的性质

1.【答案】D

【解析】条件(1)，$3m+2n$ 是偶数，其中 $2n$ 必是偶数，结合奇偶数的运算性质，可以得到 $3m$ 也是偶数，再由"奇数×偶数＝偶数"可知 m 是偶数.

条件(2)，$3m^2+2n^2$ 是偶数，其中 $2n^2$ 必是偶数，结合奇偶数的运算性质，可以得到 $3m^2$ 也是偶数，再由"奇数×偶数＝偶数"可知 m 是偶数.

2.【答案】C

【解析】条件(1)，m 是奇数，n 的奇偶情况未知，显然无法确定 m^2n^2 奇偶情况，不充分；同理，条件(2)也不充分.

考虑联合条件(1)和条件(2)，则 m 是奇数，n 是奇数，结合奇偶数的运算性质知，m^2 为奇数，n^2 为奇数，则 m^2n^2-1 为偶数，即 m^2n^2-1 能被 2 整除.

题型二：质数、合数的性质

3.【答案】D

【解析】令 $a>b>c$，则
$$|a-b|+|b-c|+|c-a|=a-b+b-c+a-c=2a-2c=8,$$
解得 $a-c=4$，12 以内的质数有 2,3,5,7,11，故 $a=7,b=5,c=3$，所以
$$a+b+c=15.$$

> **敲黑板** 由于 12 以内的质数仅有 2,3,5,7,11 这 5 个数字，因此可以结合绝对值的几何意义，将其中三个不同的质数代入 $|a-b|+|b-c|+|c-a|=8$ 中，即可验证得到结果.

4.【答案】E

【解析】当 $m=3, q=5$ 时，$p=mq+1=3\times5+1=16$，可以作为条件(1)、条件(2) 以及条件(1) 和条件(2) 联合的反例.

> **敲黑板** 条件(2)是条件(1)的特例,因此若先判断出条件(2)不充分,则可直接选 E.

5.【答案】E

【解析】将 770 分解质因数可得 $770=11\times7\times5\times2$，所以这几个质数分别为 $11,7,5,2$，因此它们的和为 $11+7+5+2=25$.

6.【答案】C

【解析】小于 20 的质数有 8 个,分别是 $2,3,5,7,11,13,17,19$. $|m-n|$ 表示实数 m 与 n 之间的距离.通过对以上 8 个质数的观察,得到两数距离为 2 的有 $\{3,5\},\{5,7\},\{11,13\},\{17,19\}$，共 4 组.

7.【答案】B

【解析】小于 10 的质数有 $2,3,5,7$，则满足 $1<\dfrac{q}{p}<2$ 的 (p,q) 有 $(2,3),(3,5),(5,7)$，共 3 组.

题型三：整除及带余除法

8.【答案】A

【解析】判断一个数是否为整数,只需要判断分子是否为分母的倍数.

条件(1)，$\dfrac{3n}{14}$ 是一个整数,可以得到 n 必为 14 的倍数,所以条件(1)充分;

条件(2)，$\dfrac{n}{7}$ 是一个整数,可以得到 n 必为 7 的倍数,但无法判断 n 是否为 14 的倍数,所以条件(2)不充分.

9.【答案】E

【解析】条件(1)的反例，$n=10$ 时,除以 2 的余数为 0,除以 5 的余数为 0,$n=12$ 时,除以 2 的余数为 0,除以 5 的余数为 2;同理,条件(2)也可举反例,显然条件(1)和条件(2)单独均无法确定,考虑联合,假设 n 除以 2 和 3 的余数都是 0,则 n 是 6 的倍数,除以 5 的余数不确定,选 E.

题型四：有理数、无理数

10.【答案】A

【解析】条件(1)，$m=\dfrac{p}{q}$，所以 m 是有理数,根据结论"若有理数的平方是整数,则该有理数为整数"可知 m 是一个整数;

条件(2)，令 $m=\dfrac{11}{2}$，可知 $\dfrac{2m+4}{3}=5$ 是整数,所以条件(2)不充分.

11.【答案】C

【解析】因为 $(1+2\sqrt{3})x+(1-\sqrt{3})y-2+5\sqrt{3}=(x+y-2)+(2x-y+5)\sqrt{3}=0$,

所以 $\begin{cases} x+y-2=0, \\ 2x-y+5=0, \end{cases}$ 解得 $\begin{cases} x=-1, \\ y=3. \end{cases}$

题型五：实数运算

12.【答案】A

【解析】$\dfrac{1}{1\times 2}+\dfrac{1}{2\times 3}+\dfrac{1}{3\times 4}+\cdots+\dfrac{1}{99\times 100}$

$=\left(1-\dfrac{1}{2}\right)+\left(\dfrac{1}{2}-\dfrac{1}{3}\right)+\left(\dfrac{1}{3}-\dfrac{1}{4}\right)+\cdots+\left(\dfrac{1}{99}-\dfrac{1}{100}\right)=1-\dfrac{1}{100}=\dfrac{99}{100}.$

13.【答案】D

【解析】选项 A，例如，$5+(-4)=1$，两个数的和为正数，可推出至少一个是正数；

选项 B，例如，$4-5=-1$，两个数的差是负数，确定不了这两个数的正负性；

选项 C，例如，$4>-5$，正数大于负数，但其绝对值不一定大于负数的绝对值；

选项 E，例如，$2\times(-4)=-8$，而 $-8<-4$.

因此，选项 A,B,C,E 都不正确，选择 D.

14.【答案】D

【解析】该自然数为 a^2，其左右相邻的两个自然数分别为 a^2-1 和 a^2+1，因此开方得其算术平方根分别为 $\sqrt{a^2-1}$，$\sqrt{a^2+1}$.

15.【答案】C

【解析】由题设 $\left(\dfrac{1}{a+b}\right)^{2007}=1 \Rightarrow \dfrac{1}{a+b}=1 \Rightarrow a+b=1$;

$\left(\dfrac{1}{-a+b}\right)^{2009}=1 \Rightarrow \dfrac{1}{-a+b}=1 \Rightarrow b-a=1.$ 联立解得 $a=0, b=1.$

16.【答案】C

【解析】两个条件显然单独不充分，考虑联合，设小明的年龄为 m^2，则 $20+m^2=n^2$，穷举可得 $m^2=16$，故选 C.

17.【答案】A

【解析】$\dfrac{1}{1+\sqrt{2}}+\dfrac{1}{\sqrt{2}+\sqrt{3}}+\cdots+\dfrac{1}{\sqrt{99}+\sqrt{100}}$

$=\dfrac{\sqrt{2}-1}{2-1}+\dfrac{\sqrt{3}-\sqrt{2}}{3-2}+\cdots+\dfrac{\sqrt{100}-\sqrt{99}}{100-99}$

$=\sqrt{2}-1+\sqrt{3}-\sqrt{2}+\cdots+\sqrt{100}-\sqrt{99}$

$=\sqrt{100}-1=9.$

专题二 绝对值

题型一：分段法去绝对值

1. 【答案】C

   【解析】$\sqrt{x^3+2x^2}=\sqrt{x^2(2+x)}=|x|\sqrt{2+x}$，故当 $-2\leqslant x\leqslant 0$ 时，满足题干.

2. 【答案】B

   【解析】由 $t^2-3t-18\leqslant 0$ 可解得 $-3\leqslant t\leqslant 6$，因此 $|t+4|+|t-6|=t+4+6-t=10$.

   敲黑板 令 $t=0$，则该取值满足 $t^2-3t-18\leqslant 0$，将其代入得 $|t+4|+|t-6|=10$，因此可以通过取在条件范围中的特值直接计算得到答案.

3. 【答案】C

   【解析】去掉绝对值符号后变号，原绝对值之内为非正，因此由题意可知 $\dfrac{5x-3}{2x+5}\leqslant 0$，从而 $(5x-3)\cdot(2x+5)\leqslant 0\left(x\neq-\dfrac{5}{2}\right)$，解得 $-\dfrac{5}{2}<x\leqslant\dfrac{3}{5}$.

4. 【答案】E

   【解析】条件(1)，当 $\dfrac{x}{y}=3$，即 $x=3y$ 时，$\dfrac{|x+y|}{x-y}=\dfrac{|4y|}{2y}=\begin{cases}2,&y>0,\\-2,&y<0,\end{cases}$ 不充分；

   条件(2)，当 $\dfrac{x}{y}=\dfrac{1}{3}$，即 $3x=y$ 时，$\dfrac{|x+y|}{x-y}=\dfrac{|4x|}{-2x}=\begin{cases}-2,&x>0,\\2,&x<0,\end{cases}$ 不充分. 故选 E.

   敲黑板 根据符号直接判断，分子为正，分母必须为正，但由条件无法确定符号，因此都不充分.

5. 【答案】B

   【解析】由题干等式可知，若想满足结论，必须 $a\leqslant 0, b\geqslant 0$，所以条件(1)不充分，条件(2)充分.

6. 【答案】C

   【解析】单独显然不充分，联合考虑，根据 $a<0$ 和 $a+b>0$ 得到 $-a(a+b)>a(a+b)$ 是成立的.

7. 【答案】A

   【解析】条件(1)，$a+1<0$，故 $a<-1, -a>1$，充分；

   条件(2)，$|a|<1\Rightarrow -1<a<1$，不充分.

8. 【答案】A

   【解析】由绝对值的非负性，可知 $|a-b|$ 和 $|c-a|$ 必有一个为 0，一个为 1. 令 $|a-b|=0$，$|c-a|=1$. 将 $a=b$，$|c-a|=1$ 代入所求表达式，则原式等于 2.

> **敲黑板** 特值法,令 $a=b=0,c=1$,代入可得原式的值为 2,选 A.

9. 【答案】E

    【解析】条件(1), $\dfrac{2x-1}{1+x^2}\leqslant 0$,得 $x\leqslant\dfrac{1}{2}$,不充分;

    条件(2), $\dfrac{2x-1}{3}\geqslant 0$,得 $x\geqslant\dfrac{1}{2}$,不充分. 联合亦不充分.

    > **敲黑板** 可以看出两个条件都包括了 $x=\dfrac{1}{2}$,不满足题干.

10. 【答案】C

    【解析】原式可化简为 $|x-1|-|x-4|=(x-1)+(x-4)=2x-5$,得到 $1\leqslant x\leqslant 4$.

11. 【答案】A

    【解析】条件(1), $a>0$,又 $|a-b|\geqslant a-b$ 恒成立,所以 $a|a-b|\geqslant a(a-b)$,充分.
    根据条件(1)的结论知, $a>0$ 即可,与 a,b 大小无关,所以条件(2)不充分.

12. 【答案】D

    【解析】条件(1), $-1<x<0,f(x)=1-x-(-1)(x+1)-(x-2)+x+2=6$,与 x 无关,充分.
    条件(2), $1<x<2,f(x)=x-1-(x+1)+2-x+x+2=2$,与 x 无关,充分.

题型二:绝对值的几何意义

13. 【答案】A

    【解析】条件(1), $c<b<0<a$,则 $|b-a|+|c-b|-|c|=a-b+b-c+c=a$,充分;
    条件(2), $a<0<b<c$,则 $|b-a|+|c-b|-|c|=b-a+c-b-c=-a$,不充分.

    > **敲黑板** 本题可以根据数轴,取特值计算.

14. 【答案】A

    【解析】依据绝对值的几何意义,$\min\{|a-b|,|b-c|,|a-c|\}$ 表示 a,b,c 两两之间的距离的最小值. 条件(1),其表示 a,b,c 位于 -5 与 5 之间,那么两两之间的距离的最小值小于等于 5,充分;条件(2)显然不充分,如 $a=-1,b=5,c=11$,故选 A.

题型三:绝对值的非负性

15. 【答案】C

    【解析】由非负性,有 $\begin{cases} a-60=0, \\ b+90=0, \\ c-130=0 \end{cases} \Rightarrow a+b+c=100.$

16.【答案】E

【解析】由 $|3x+2|+2(x-3y)^2=0 \Rightarrow x=-\dfrac{2}{3}, y=-\dfrac{2}{9}$，所以 $2y-3x=\dfrac{14}{9}$.

17.【答案】D

【解析】$y+|\sqrt{x}-\sqrt{2}|+a^2=1, y-b^2-|x-2|=1$，将两式联立得
$$y+|\sqrt{x}-\sqrt{2}|+a^2=y-b^2-|x-2|,$$
整理后可得
$$|\sqrt{x}-\sqrt{2}|+a^2+b^2+|x-2|=0,$$
根据非负性，解得 $x=2, a=b=0$，代入原式解得 $y=1$，所以 $3^{x+y}+3^{a+b}=28$.

18.【答案】C

【解析】显然条件(1)和条件(2)需要联合考虑，有
$$y+|\sqrt{x}-\sqrt{3}|-1+a^2-\sqrt{3}b=y-1-b^2-|x-3|-\sqrt{3}b,$$
整理可得 $|\sqrt{x}-\sqrt{3}|+a^2+b^2+|x-3|=0 \Rightarrow x=3, a=b=0, y=1$.
所以 $2^{x+y}+2^{a+b}=2^4+2^0=17$.

19.【答案】A

【解析】由非负性，得 $\begin{cases}a-3=0,\\ 3b+5=0,\\ 5c-4=0\end{cases} \Rightarrow \begin{cases}a=3,\\ b=-\dfrac{5}{3},\\ c=\dfrac{4}{5}\end{cases} \Rightarrow abc=3\times\left(-\dfrac{5}{3}\right)\times\dfrac{4}{5}=-4.$

题型四：绝对值的自比性

20.【答案】C

【解析】两条件单独显然不充分，考虑联合，不妨设 $a>b>c$，故由条件(1)和条件(2)可知，$a>0$，$b<0, c<0$，故 $\dfrac{b+c}{|a|}+\dfrac{c+a}{|b|}+\dfrac{a+b}{|c|}=1$，联合充分.

题型五：三角不等式的应用

21.【答案】C

【解析】根据绝对值三角不等式可知：$ab<0$ 时，$|a-b|=|a|+|b|=5+7=12$.

> **敲黑板** 可以采取特值法，取 $a=-5, b=7$ 或 $a=5, b=-7$，则 $|a-b|=12$.

22.【答案】D

【解析】根据三角不等式的性质，$|x|+|y|=|x-y|$ 必须满足 x,y 异号或其中一个为 0，所以两个条件都充分.

23.【答案】C

【解析】显然需要联合分析，根据三角不等式可得

$$2|a|=|(a-b)+(a+b)|\leqslant|a-b|+|a+b|\leqslant 2\Rightarrow|a|\leqslant 1,$$

同理,$|b|\leqslant 1$,充分.

24.【答案】D

【解析】因为 $ab=6$,所以 a,b 同号,设 $|a|\geqslant|b|$,则 $|a+b|$ 可写成 $|a|+|b|$,$|a-b|$ 可写成 $|a|-|b|$,所以

$$|a+b|+|a-b|=|a|+|b|+|a|-|b|=6\Rightarrow|a|=3,$$

从而得 $|b|=2$,所以 $a^2+b^2=13$.

> 敲黑板 答案唯一,可取特值,令 $a=3,b=2$,满足条件,故 $a^2+b^2=13$.

25.【答案】C

【解析】两条件单独显然不充分,考虑联合.设 $|a+b|=p,|a-b|=q$.若 $p\geqslant q$,由三角不等式 $|a+b|\geqslant|a-b|\Rightarrow ab\geqslant 0$,则 $|a+b|=|a|+|b|=p$;若 $p<q$,由三角不等式 $|a+b|<|a-b|\Rightarrow ab<0$,则 $|a-b|=|a|+|b|=q$.

专题三　比和比例

题型：一般比例式计算问题

1.【答案】A

【解析】$\dfrac{1}{x}:\dfrac{1}{y}:\dfrac{1}{z}=4:5:6\Rightarrow x:y:z=\dfrac{1}{4}:\dfrac{1}{5}:\dfrac{1}{6}=15:12:10$,又 $x+y+z=74$,则 $y=74\times\dfrac{12}{15+12+10}=24$.

2.【答案】B

【解析】当 $a+b+c\neq 0$ 时,通过等比定理得

$$\frac{a+b-c}{c}=\frac{a-b+c}{b}=\frac{-a+b+c}{a}=\frac{a+b+c}{a+b+c}=k=1;$$

当 $a+b+c=0$ 时,$\dfrac{a+b-c}{c}=\dfrac{-2c}{c}=k=-2$.

3.【答案】E

【解析】$a:b:c=1:2:5\Rightarrow a=k,b=2k,c=5k$.

$a+b+c=24\Rightarrow 8k=24\Rightarrow k=3\Rightarrow\begin{cases}a=3,\\b=6,\\c=15.\end{cases}$

故 $a^2+b^2+c^2=9+36+225=270$.

第二章　应用题

专题一　商品问题

题型一：商品变化率问题

1.【答案】C

【解析】该题考查销售额的增长率问题.假设原来销售量为 100 件,每件 1 元,则原销售额为 100 元,打九折后,现在销售量为 120 件,每件 0.9 元,销售额为 120×0.9＝108(元),根据公式

$$增长率=\frac{现在}{原来}-1 \Rightarrow 销售额增加率=\frac{108}{100}-1=8\%.$$

> **敲黑板**　若题干涉及多个未知量时,可以用特值法,令未知量等于 10,100,1 000 等来解题.

2.【答案】B

【解析】该题考查增长率问题,上半月销售额为 20×60％＝12(万元),设下半月销售额为 x 万元,根据公式,增长率$=\frac{现在}{原来}-1=\frac{12+x}{20}-1=25\% \Rightarrow x=13.$

> **敲黑板**　要求考生找到原计划的销售额、现在的销售额,再利用增长率公式来解题.

3.【答案】B

【解析】该题考查下降率问题,根据销售额＝件数×售价,当销售额一定时,售价与件数成反比,故原价：现价＝13：8.根据公式,下降率$=1-\frac{现在}{原来}=1-\frac{8}{13}\approx 38.5\%.$

> **敲黑板**　此题考查两点：(1)销售额一定的前提下,售价与销售量成反比；(2)下降率公式.

4.【答案】A

【解析】该题考查增长率问题.设 2000 年绿地面积为 100,人口数为 100,则人均绿地面积为 1,2001 年绿地面积为 100×(1＋20％)＝120.

由条件(1)得 2001 年人口为 100×(1－8.26‰)＝99.174,则 2001 年的人均绿地面积为 $\frac{120}{99.174}$,

则 2001 年人均绿地面积比上年增长了 $\frac{\frac{120}{99.174}}{1}-1\approx 21\%$,充分.

同理,条件(2)不充分.

> **敲黑板** 该题涉及多个未知量,可以用特值法来解题,同时熟记增长率公式.

5.【答案】B

【解析】该题考查增长率问题. 假设一月份的出厂价为 100 元,每件产品成本为 75 元,销量为 100 件,则二月份出厂价为 $100\times(1-10\%)=90$(元),销量为 $100\times(1+80\%)$ 件,根据公式,增长率$=\dfrac{现在}{原来}-1$,所以二月份的销售利润比一月份增长了 $\dfrac{(90-75)\times 100\times(1+80\%)}{(100-75)\times 100}-1=8\%$.

> **敲黑板** 本题涉及多个未知量,可以使用特值法,同时熟记增长率公式.

6.【答案】D

【解析】该题考查增长率问题. 设 2006 年 R&D 经费为 x 亿元,因此根据公式有

$$增长率=\dfrac{现在}{原来}-1=\dfrac{300}{x}-1=20\%\Rightarrow x=250.$$

设 2006 年 GDP 为 y 亿元,则增长率$=\dfrac{10\,000}{y}-1=10\%\Rightarrow y=\dfrac{10\,000}{1.1}$,两者比值为 $\dfrac{250}{\dfrac{10\,000}{1.1}}=2.75\%$.

> **敲黑板** 该题考查增长率问题,要求考生熟记公式.

7.【答案】C

【解析】该题考查的是增长率、下降率问题. 设第一季度乙为 100,则甲为 80,从而得到第二季度甲为 96,乙为 110,故选 C.

> **敲黑板** 因为本题中并无具体数值限定,因此可用特值法进行分析.

8.【答案】E

【解析】该题考查增长率问题,设 2013 年人数为 x,根据公式,增长率$=\dfrac{现在}{原来}-1=\dfrac{697\,000}{x}-1=14\%$.

> **敲黑板** 要求考生熟记增长率公式.

题型二:售价、进价、利润率问题

9.【答案】A

【解析】该题考查总利润问题,根据投资额比例为 4∶1,所以购买了 2 000 股甲股票共 16 000 元,

购买 1 000 股乙股票共 4 000 元,抛出股票时,甲每股赚了 2 元,乙每股赔了 1 元,最后获利 $4\,000-1\,000=3\,000$(元).

> **敲黑板** 本题核心在于,总利润=每股利润×数量.

10.【答案】 C

【解析】该题考查售价问题,设 A 型彩色电视机 x 元/台,则 $5x+2\,500=6x-4\,000\Rightarrow x=6\,500$,则 B 型彩色电视机每台的售价为 $\dfrac{5\times 6\,500+2\,500}{7}=5\,000$(元).

> **敲黑板** 该题考查单价与销售数量问题,再利用总价建立方程进行求解.

11.【答案】 C

【解析】设原价为 x 元,根据公式:

售价-进价=利润$\Rightarrow$原价$\times(1+50\%)\times 0.7-2\,000=625\Rightarrow\begin{cases}\text{原价}=\dfrac{2\,625}{(1+50\%)\times 0.7}=2\,500,\\ \text{优惠价}=2\,625,\end{cases}$

则"优惠价"比原价多赚了 125 元.

> **敲黑板** 要求考生掌握原价、打折、优惠、售价、成本、利润之间的关系,利用公式:售价-进价=利润来解题.

12.【答案】 B

【解析】设标价为 x 元,根据公式利润率$=\dfrac{\text{售价}}{\text{进价}}-1$,则 $\dfrac{0.9x}{21}-1=20\%\Rightarrow x=28$.

> **敲黑板** 此题是对利润率公式的考查,要求考生明确该题的标价并不是真正的售价,熟记利润率公式.

13.【答案】 C

【解析】根据公式:总进价$=\dfrac{\text{售价}}{1+\text{利润率}}=\dfrac{210}{1-25\%}+\dfrac{210}{1+25\%}$,则

总利润=总售价-总进价$=(210+210)-\left(\dfrac{210}{1-25\%}+\dfrac{210}{1+25\%}\right)=-28$(元).

> **敲黑板** 考生需明确盈利利润率为正,亏损利润率为负,熟记基本公式:
>
> 进价$=\dfrac{\text{售价}}{1+\text{利润率}}$,利润=售价-进价.

14.【答案】 B

【解析】 该题考查资金内部变化流动问题.

第一次:甲卖给乙,甲盈利 $50\ 000 \times 10\% = 5\ 000$(元);

第二次:乙返卖给甲 $50\ 000 \times (1+10\%) \times (1-10\%) = 49\ 500$(元);

第三次:甲打九折卖出,则甲亏了 $49\ 500 \times 0.1 = 4\ 950$(元);

总计甲盈利 $5\ 000 - 4\ 950 = 50$(元).

> **敲黑板** 本题的核心在于,选择甲固定下来,求出甲最初的进价、最终的售价作为解题的突破口,再逐一分析.

15.【答案】 B

【解析】 该题考查多个变量利润百分比问题.

设一月份原定价为 100 元,则售价为 $100 \times 80\% = 80$(元),根据公式,进价 $= \dfrac{售价}{1+利润率} = \dfrac{80}{1+20\%}$;

二月份原定价为 100 元,则售价为 $100 \times 75\% = 75$(元),根据公式,进价 $= \dfrac{售价}{1+利润率} = \dfrac{75}{1+25\%}$.

故 $\dfrac{75}{1+25\%} \div \dfrac{80}{1+20\%} = 90\%$.

> **敲黑板** 若题干涉及多个未知量,例如一月的定价、进价及二月的定价、进价均是未知数,可以用特值法,令未知量为 1,10,100,1 000 等来解题.

16.【答案】 C

【解析】 此题考查两种物品单位售价比较大小问题.

显然条件(1)、条件(2)单独都不充分,将条件(1)和条件(2)联合. 设一袋牛肉重 1 千克,卖 100 元,则一袋鸡肉重 1.25 千克,卖 130 元,则 1 千克鸡肉价格为 $\dfrac{130}{1.25}$ 元,1 千克牛肉价格为 $\dfrac{100}{1}$ 元,即 $\dfrac{130}{1.25} > \dfrac{100}{1}$,充分.

> **敲黑板** 考生注意题干涉及两种价格的比较,涉及的鸡肉和牛肉的价格及鸡肉和牛肉的重量均是未知数,可以用特值法来解题.

17.【答案】 C

【解析】 设新原料的售价为 x 元,则甲为 $(x+3)$ 元,乙为 $(x-1)$ 元,根据质量守恒有

$$\dfrac{200}{x+3} + \dfrac{480}{x-1} = \dfrac{680}{x} \Rightarrow x = 17.$$

> **敲黑板** 该题是以质量守恒为基础,利用混合前后的原料质量相等来列方程.

18.【答案】 E

【解析】 根据公式：进价 $=\dfrac{售价}{1+利润率}\Rightarrow$ 总进价 $=\dfrac{480}{1+20\%}+\dfrac{480}{1-20\%}$，则

总利润 $=$ 总售价 $-$ 总进价 $=(480+480)-\left(\dfrac{480}{1+20\%}+\dfrac{480}{1-20\%}\right)=-40$(元).

> **敲黑板** 该题考查盈利与亏损的正、负利润的计算，要求考生熟记基本公式：
> $$进价=\dfrac{售价}{1+利润率}, 总利润=总售价-总进价.$$

19.【答案】 D

【解析】 该题考查多利润混合，净利润求数量问题.

设甲店售出 x 件，则甲店的利润为 $200\times 0.2x-200\times 1.2x\times 5\%=28x$.

乙店的利润为 $200\times 0.15\times 2x-200\times 1.15\times 2x\times 5\%=37x$.

则 $37x-28x=5\,400\Rightarrow x=600$.

> **敲黑板** 本题关键在于求出单个商品利润后，再乘以销量，最后再扣除税，以求得净利润.

20.【答案】 C

【解析】 设标价为 x 元，根据公式：售价 $=$ 进价 $\times(1+$ 利润率$)$，则 $240(1+15\%)=x\cdot 0.8$，解得 $x=345$.

> **敲黑板** 本题主要考查基本公式，掌握"成本、标价、打折"基本概念，熟记售价公式.

21.【答案】 C

【解析】 条件(1)和条件(2)显然单独是不充分的，考虑联合.

设一件甲商品可获利 x 元，一件乙商品可获利 y 元，由条件(1)和条件(2)分别有

$$\begin{cases} 5x+4y=50, & \text{①} \\ 4x+5y=47, & \text{②} \end{cases}$$

①$-$②$\Rightarrow x-y=3$，所以 $x>y$，联合充分.

> **敲黑板** 本题以利润问题为依托，主要考查二元一次方程组.

22.【答案】 D

【解析】 该题考查上涨、下降的变价问题. 由题知总值不变，故总利润为 0，则

$$6\times a\%-4\times b\%=0\Rightarrow \dfrac{a}{b}=\dfrac{2}{3},$$

故均充分，选 D.

> **敲黑板** 考生需明确上涨代表正,下降代表负,总值不变代表利润为 0.

23.【答案】E

【解析】该题考查,花费的总钱数=数量×单价.

设甲、乙购买玩具数量分别为 x,y,A,B 玩具价格分别为 a 元,b 元.

由条件(1)可得 $\begin{cases} x+y=50, \\ by-ax=100, \end{cases}$ 无法确定 x 的值,因此条件(1)不充分;

条件(2),$\begin{cases} a=2b, \\ by-ax=100, \end{cases}$ 无法确定 x 的值,条件(2)不充分.

联合 $\begin{cases} x+y=50, \\ a=2b, \\ by-ax=100, \end{cases}$ 也不充分.

> **敲黑板** 考生需明确条件充分性判断一定要先化简题干,然后再由下向上,条件(1)和条件(2)联合共四个未知数,三个方程不能确定答案.

24.【答案】B

【解析】三种商品能参加促销的最低原价为 $55+75\times 2=205$(元),其 8 折为 $205\times 0.8=164$(元),已知每单减 m 元的售价不低于原价的 8 折,则 $205-m\geqslant 164\Rightarrow m\leqslant 205-164=41$,因此最多降 41 元.

> **敲黑板** 考生需注意每单满 200 元,并不是必须三种商品全部参与,最低极限到达 200 即可.

题型三:增减并存问题

25.【答案】E

【解析】该题考查增减并存问题,设股票原价是 x 元.

条件(1),$x(1+10\%)^3(1-10\%)^3=1.1^3\cdot 0.9^3 x=0.99^3 x<x$;

条件(2),$x(1-10\%)^3(1+10\%)^3=0.9^3\cdot 1.1^3 x=0.99^3 x<x$.

所以,条件(1)和条件(2)均不充分,联合也不充分.

> **敲黑板** 连续变价问题,考生可记住结论:(1)一件商品先提价 $p\%$,再降价 $p\%$,则小于原价;(2)一件商品先降价 $p\%$,再提价 $p\%$,则小于原价.

题型四:恢复原价问题

26.【答案】E

【解析】该题考查恢复原价问题．设原价为 1，应提价 x，则有
$$1\times(1-15\%)(1+x)=1\Rightarrow x\approx 17.65\%.$$

> **敲黑板** (1) 商品先提价 $p\%$，再降价 $\dfrac{p\%}{1+p\%}$ 恢复原价；
> (2) 商品先降价 $p\%$，再提价 $\dfrac{p\%}{1-p\%}$ 恢复原价．

27. 【答案】B

【解析】该题考查恢复原价问题．设原价为 1，应提价 x，则有
$$1\times(1-20\%)(1+x)=1\Rightarrow x=25\%.$$

> **敲黑板** (1) 商品先提价 $p\%$，再降价 $\dfrac{p\%}{1+p\%}$ 恢复原价；
> (2) 商品先降价 $p\%$，再提价 $\dfrac{p\%}{1-p\%}$ 恢复原价．

题型五：连续增长或下降问题

28. 【答案】D

【解析】该题考查连续增长的增长率问题，1991 年 1 月 1 日到 1994 年 1 月 1 日整 3 年的时间，增长了 3 次，因此本息共计 $10\,000\times(1+10\%)^3=13\,310$（元）．

> **敲黑板** 本金可以理解为原价，利率可以理解为增长率，若本金为 a，年利率为 $p\%$，则 n 年后，本金与利息和为 $a(1+p\%)^n$．

29. 【答案】E

【解析】该题考查连续增长的平均值增长率问题，设 1 月份产值为 1，平均值增长率为 p，则 6 月份产值为 a，化简题干得 $1\times(1+p)^5=a\Rightarrow p=\sqrt[5]{a}-1$．
条件(1)不充分，条件(2)也不充分，联合也不充分．

> **敲黑板** 该题涉及多个未知量，找好基准量，采用特值法来解题．

30. 【答案】C

【解析】该题考查下降率问题，设原来使用锌量为 1，平均每次节约 p，则现在的锌量为 $1\times(1-p)^2$，根据公式，下降率 $=1-\dfrac{\text{现在}}{\text{原来}}=1-\dfrac{1\times(1-p)^2}{1}=15\%$，故 $p=(1-\sqrt{0.85})\times 100\%$．

> **敲黑板** 题干涉及多个未知量，可以用特值法来解题，设原来的使用锌量为 1，再利用下降率公式来解题．

31.【答案】A

【解析】该题考查连续增长的增长率问题.

由条件(1)得一月份的产值为 $a(a\neq0)$,每月增长率为 p,则全年总产值
$$S=a+a(1+p)+a(1+p)^2+\cdots+a(1+p)^{11},$$
S 是以 a 为首项,$1+p$ 为公比的等比数列的前 12 项和,故 $S=\dfrac{a[1-(1+p)^{12}]}{1-(1+p)}$,充分;
同理,条件(2)不充分.

> **敲黑板** 此题技巧是条件与题干保持一致性,题干增长率是 p,条件(1)的增长率与题干一致,条件(2)不一致.

32.【答案】C

【解析】连续降价两次后,售价为 $200\times(1-20\%)(1-20\%)=160\times0.8=128$(元),因此选 C.

> **敲黑板** 此题考查连续下降问题,以定价 200 元为基准量,然后求最终的售价.

33.【答案】C

【解析】该题考查下降率问题.条件(1)和条件(2)显然单独都不充分,将两条件联合,得到 $m=2\,500$,$n=1\,600$,设下降率为 p,则 $2\,500(1-p)^2=1\,600$,解得 $p=20\%$.满足题干.

> **敲黑板** 要求考生熟记下降率公式.

34.【答案】B

【解析】该题考查增长率问题.设今年第一季度的产值为 a,第二季度的产值为 b,则 $11\%a=9\%b\Rightarrow\dfrac{a}{b}=\dfrac{9}{11}$,令 $a=9,b=11$,则上半年增长率 $=\dfrac{a(1+11\%)+b(1+9\%)}{a+b}-1=9.9\%$.

> **敲黑板** 考生需理解两个季度产值的同比绝对增加量相等的含义,会找等量关系,再根据增长率公式来解题.

35.【答案】E

【解析】该题考查连续增长的平均增长率问题.设 2005 年产值为 a,则 2009 年产值为 $a(1+q)^4$,2013 年产值为 $a(1+q)^4[1+(1-0.4)q]^4$,根据题意有
$$\dfrac{a(1+q)^4[1+(1-0.4)q]^4}{a}=(1+q)^4[1+(1-0.4)q]^4=[(1+q)(1+0.6q)]^4=1.95^4,$$
即 $0.6q^2+1.6q-0.95=0$,解得 $q=0.5$,答案选 E.

> **敲黑板** 本题关键在于明白平均增长率的概念,以 2005 年作为基准,找到 2009 年和 2013 年的关系,从而可以求出 q 的值.

36.【答案】B

【解析】该题考查连续下降的问题.设原价为1,则现价为$1\times(1-10\%)(1-10\%)=0.81$.

> 敲黑板 原价未知,可以用特值法令原价为1来解题.

37.【答案】E

【解析】该题考查平均增长率问题.两条件显然单独都不充分,将两条件联合,设一月产值为a,月平均增长率为$p\%$,则

一月a,二月$a(1+p\%)$,三月$a(1+p\%)^2$,……,十二月$a(1+p\%)^{11}$,

则全年总产值$S=a+a(1+p\%)+a(1+p\%)^2+\cdots+a(1+p\%)^{11}(a\neq0)$.

> 敲黑板 此题容易错选C,忽略掉一月份产量$a=0$的情况.

38.【答案】D

【解析】该题考查增长率问题.设涨价前为1元,因此涨价两次后的价格为$1\times(1+10\%)\cdot(1+20\%)=1.32(元)$,因此这两年涨价了$\frac{1.32}{1}-1=32\%$.

> 敲黑板 要求考生熟记增长率公式并会用特值法来解题.

专题二 比例问题

题型一:已知总量,求部分量问题

1.【答案】D

【解析】该题考查比例分配问题.设A,B,C所用金额分别为$x,1.5x,2.5x$,则有
$$x+1.5x+2.5x=1\,000\Rightarrow x=200,$$
因此A,B,C所用金额分别为200,300,500.

> 敲黑板 A,B,C的数量分别为1,1.5,2.5的整数倍.

2.【答案】D

【解析】该题考查已知总量求部分量问题.由$\frac{1}{2}+\frac{1}{3}+\frac{1}{9}\neq1$,将分数比化成最简整数比$\frac{1}{2}:\frac{1}{3}:\frac{1}{9}=9:6:2$,则$=18(万元)$.

> **敲黑板** (1)本题易误选 A 选项,用 34 直接乘以 $\frac{1}{2}$ 计算,错误原因是比例份数和不等于 1,不可以直接相乘;(2)遇到分数比例问题,转化成最简整数比后,再进行运算.

3.【答案】D

【解析】该题考查已知总量求部分量问题.

条件(1),将分数比化成整数比,甲:乙:丙$=\frac{1}{2}:\frac{1}{3}:\frac{1}{9}=9:6:2$,充分;

同理,条件(2)也充分.

> **敲黑板** 条件(1)与条件(2)为等价关系时,一般选 D 比较多.

4.【答案】C

【解析】该题考查已知总量计算部分量问题,设原有甲、乙、丙部件各为 x 件,y 件,z 件,根据题意可得

$$\begin{cases} x+y+z=270, \\ \frac{3}{5}x=\frac{3}{4}y=\frac{2}{3}z \end{cases} \Rightarrow x=100.$$

> **敲黑板** 本题已知总量求解部分量,只需按照比例计算即可.

题型二:已知部分量,求总量问题

5.【答案】D

【解析】该题考查求总量问题.设 1 筐能装 x 斤白菜,根据题意有 $\frac{4x+24}{4x+24+8x}=\frac{3}{8}\Rightarrow x=30$,一共收了 12 筐多 24 斤,因此菜园共收了白菜 $12\times30+24=384$(斤).

> **敲黑板** 该题技巧是总量为 8 的倍数.

6.【答案】C

【解析】该题考查部分量与总量的关系,总额为 $\dfrac{900}{1-\frac{5}{8}-\frac{3}{8}\times\frac{2}{5}}=4\,000$(元).

> **敲黑板** 考生需熟记公式,总量 $=\dfrac{部分量}{部分量所占总量的比例}$.

7.【答案】D

【解析】该题考查部分量与总量的关系,$\dfrac{200}{1-\frac{1}{5}-\frac{1}{3}-\left(\frac{1}{3}-\frac{1}{5}\right)\times3}=3\,000$(元).

> **敲黑板** 该题求的是总金额,所以套用公式总量=$\dfrac{部分量}{部分量所占总量的比例}$进行求解即可.

8.【答案】 C

【解析】该题考查求总量问题,设工资为 x 元,根据总量=$\dfrac{部分量}{部分量所占总量的比例}=\dfrac{6\,810}{30\%}=x+3\,200$,则 $x=19\,500$.

> **敲黑板** 该题关键点是找准基准量,利用公式总量=$\dfrac{部分量}{部分量所占总量的比例}$来解题.

9.【答案】 C

【解析】条件(1)和条件(2)联合,设二类贺卡重量为 x 克,则一类贺卡重量为 $3x$ 克,再由条件(2),$3x+2x=\dfrac{100}{3} \Rightarrow x=\dfrac{20}{3}$,则一类贺卡重量为 20 克,总重量为 $25\times 20+30\times\dfrac{20}{3}=700$(克).

> **敲黑板** 本题根据题目分别求出部分量数值即可.

10.【答案】 B

【解析】该题考查求总量问题,总量为 $\dfrac{8}{1-\dfrac{1}{3}-\dfrac{2}{3}\times\dfrac{2}{3}}=36$(千万元)=3.6 亿元.

> **敲黑板** 该题总量为 3 和 9 的倍数.

11.【答案】 D

【解析】该题考查求总量问题.化简题干,由题意知,第二小时处理了剩余的 $\dfrac{1}{4}$,即 $\left(1-\dfrac{1}{5}\right)\times\dfrac{1}{4}=\dfrac{1}{5}$,由条件(1)得,前两小时处理了 10 份文件,占全部文件的 $\dfrac{2}{5}$,则全部文件为 $10\div\dfrac{2}{5}=25$(份),充分;由条件(2)得,全部文件为 $5\div\dfrac{1}{5}=25$(份),充分,故选 D.

> **敲黑板** 已知部分量求总量问题,首先要找出部分量占总量的比例,然后利用公式来解题.

12.【答案】 B

【解析】该题考查已知部分量,求总量问题.

一等奖:二等奖:三等奖=1:3:8,

一等奖人数为 10 人,则二等奖为 30 人,三等奖为 80 人,则参加竞赛的总人数为 $\dfrac{120}{30\%}=400$(人).

> **敲黑板** 该题以一等奖为基准量,根据公式总量=$\dfrac{部分量}{部分量所占总量的比例}$,从而求出参加竞赛的总人数.

题型三：不变量的比例问题

13.【答案】 C

【解析】该题考查内部调节,图书总量不变问题.

$$第一次第一柜:第二柜=55:45,$$
$$第二次第一柜:第二柜=50:50,$$

因为总量不变,所以第一柜少5份,对应15本,所以100份对应300本.

> **敲黑板** 比例发生变化,但总量不变,将总量统一,找到变化份数与量之间的关系.

14.【答案】 C

【解析】该题考查不变量问题,二等品比例份数不变.

$$\begin{cases} 优等品:二等品=5:2=25:10, \\ 二等品:次品=5:1=10:2, \\ 优等品:二等品:次品=25:10:2, \end{cases}$$

则 $\dfrac{25+10}{25+10+2}=\dfrac{35}{37}\approx 94.6\%$.

> **敲黑板** 遇到多比例混合问题,找到不变的中间量,将比例份数统一.

15.【答案】 B

【解析】比例变化,总量不变问题.

原来甲:乙=10:7,因为内部调节,且数量相等,所以现在甲:乙=8.5:8.5,故甲向乙搬入

$$\dfrac{10-8.5}{10}=15\%.$$

> **敲黑板** 内部调节比例变化问题,将总份数平分后再分析.

16.【答案】 C

【解析】该题考查乙仓库数量不变问题,故将乙的比例份数统一.

$$原来甲:乙=4:3=8:6,$$
$$现在甲:乙=7:6,$$

甲减少1份对应值为10万吨,甲原来8份对应值为80万吨.

敲黑板 (1)单个变量的变化导致比例发生变化,找到不变量,将不变量的比例份数统一,再进行计算;(2)技巧:原来甲:乙=4:3,则甲仓库原有粮食万吨数为4的倍数.

17.【答案】 B

【解析】该题考查甲产品数量不变问题.

$$原来甲:乙=45:55=9:11,$$
$$现在甲:乙=25:75=9:27,$$

乙增加 16 份对应值为 160 件,1 份对应 10 件,故甲原来 9 份对应值为 90 件.

敲黑板 (1)单个变量的变化导致比例发生变化,找到不变量,将不变量的比例份数统一,再进行计算;(2)技巧:原来甲:乙=45:55,则甲产品数量为 45 的倍数.

18.【答案】 C

【解析】该题考查不变量的比例问题,其中二等品比例份数不变.

$$\begin{cases} 一等品:二等品=5:3=20:12, \\ 二等品:不合格品=4:1=12:3, \\ 一等品:二等品:不合格品=20:12:3, \end{cases}$$

从而该产品的不合格率为 $\dfrac{3}{20+12+3}=\dfrac{3}{35}\approx 8.6\%$.

敲黑板 遇到多比例问题,一定要把不变量比例份数统一,然后再找到多个量的比例关系.

19.【答案】 B

【解析】该题考查不变量的比例问题.

第一次男:女=19:12=380:240,

第二次男:女=20:13=380:247(增加 7 份女运动员),

第三次男:女=30:19=390:247(增加 10 份男运动员),

因此,男比女多增加 3 份,对应 3 人.故最后运动员的总人数为 390+247=637.

敲黑板 (1)题目中出现唯一的一个具体数量为 3 人,通过份数的统一,找到份与量的关系;(2)技巧:最后男:女=30:19,总份数为 49 份,则总人数为 49 的倍数.

20.【答案】 D

【解析】该题考查不变量的比例问题,其中子女教育的比例份数不变.

$$\begin{cases} 子女教育:生活资料=3:8=6:16, \\ 文化娱乐:子女教育=1:2=3:6, \end{cases}$$

则文化娱乐∶子女教育∶生活资料＝3∶6∶16,所以生活资料支出占家庭总支出的比例为 $10.5\% \times \frac{16}{3} = 56\%$.

> **敲黑板** (1)该题子女教育的比例不变,以子女教育支出为桥梁关联三者之比,然后再计算;(2)技巧:文化娱乐支出占家庭总支出的10.5%,10.5%为7的倍数,则答案为7的倍数.

题型四：百分比计算问题

21.【答案】D

【解析】该题考查多数量百分比,求其中部分量的问题.

设第一场为100份,则第二场20份,第三场10份,10份对应2 500人,则第一场100份对应25 000人.

> **敲黑板** (1)题干涉及多个未知量,可以用特值法来解决;(2)找到"份数"与"量"之间的对应关系.

22.【答案】A

【解析】该题考查多数量百分比问题.假设有100个小球,则黑球30个.白球有70个,其中60%是铁质的,则剩下40%为木质的,木质白球有70×40%＝28(个),则容器中木质白球占28%.

> **敲黑板** (1)该题涉及多个未知量,可用特值法来解决;(2)技巧:比例继承性,题干白球占70%为7的倍数,则答案一定为7的倍数.

23.【答案】B

【解析】该题考查多数量百分比问题,零件总件数为 $\frac{45}{66\% \times \frac{5}{11}} = 150$,甲完成了总件数的34%,故甲工人完成了 $150 \times 34\% = 51$(件).

> **敲黑板** 技巧:比例继承性,题干中出现34%为17的倍数,则答案一定为17的倍数.

24.【答案】C

【解析】该题考查百分比计算问题.已知男职工有420人,则女职工有 $420 \times \frac{3}{4} = 315$(人),工龄20年以上者职工为 $(420+315) \times 20\% = 147$(人).

设工龄10年以下者有 x 人,则 $x + 0.5x = 420 + 315 - 147 \Rightarrow x = 392$.

> **敲黑板** 本题为百分比的计算问题,只要把握住基准量进行计算即可.

21

25.【答案】B

【解析】该题考查百分比计算问题.

假设3:00时男士有300人,则女士有400人,5:00时留在健身房内的男士有225人,女士有200人,因此男士与女士的人数比为9:8.

敲黑板 该题涉及多个未知量,可以用特值法来解题.

26.【答案】E

【解析】该题考查百分比计算问题.根据题意,女生中不到30岁的有

$$96 \times \left(1 - \frac{7}{12}\right) \times (1 - 15\%) = 34(人).$$

敲黑板 本题特点在于女生分为两部分,需要逐级求解.

27.【答案】C

【解析】该题考查百分比计算问题.女职工有 $\frac{420}{1\frac{1}{3}} = 315$（人）,则工厂总人数是 $420 + 315 = 735$（人）.

技术人员和工人有 $735 \times (1 - 20\%)$ 人,若工人为25份,则技术人员为24份,工人占 $\frac{25}{24+25}$,故工人为

$$735 \times (1 - 20\%) \times \frac{25}{49} = 300(人).$$

敲黑板 本题的关键在于最后对技术人员与工人的份数取特值,可方便计算.

28.【答案】A

【解析】该题考查百分比计算问题.

条件(1),20%的人付全额学费,即交费为 $0.2ax$,剩余交学费 $0.8a \cdot \frac{x}{2} = 0.4ax$,故全额学费占总额比率为 $\frac{0.2ax}{0.2ax + 0.4ax} = \frac{1}{3}$.

条件(2),只给出数值,无法计算.

敲黑板 本题为百分比的计算问题,只要付两种学费的人数关系确定了,其所交学费占总额的比例就可以确定.

29.【答案】E

【解析】该题考查百分比计算问题.单独显然都不充分,联合起来考虑.设A企业前年的职工人

数为 100.

条件(1),去年的职工人数为 $100\times80\%=80$;条件(2),今年的职工人数为 $80\times1.5=120$.

A 企业的职工人数今年比前年增加了 $(120-100)\div100=20\%$.联合起来也不充分.

> **敲黑板** 本题采用的是特值法,这一方法是百分比以及比例计算问题中经常使用的快速解题方法.

30.【答案】D

【解析】该题考查百分比计算问题,设女士有 5 人,男士有 4 人,则 $\dfrac{5\times(1-20\%)}{4\times(1-15\%)}=\dfrac{20}{17}$.

> **敲黑板** (1)当题目中没有具体数值限定时,可以使用特值法进行求解;(2)题干中,在场的男士比例为 85%,为 17 的倍数,由比例继承性,故答案中男士份数为 17 的倍数.

31.【答案】D

【解析】该题考查百分比计算问题.设去年总成本是 100 元,去年员工人数是 100 人,则去年的人均成本是 1 元/人.

条件(1),今年的总成本是 75 元,今年的员工人数为 125 人,则今年的人均成本是 $75\div125=0.6$(元/人),为去年的 60%;

条件(2),今年的总成本是 72 元,今年的员工人数为 120 人,则今年的人均成本是 $72\div120=0.6$(元/人),为去年的 60%.

两条件都充分,答案选 D.

> **敲黑板** 该题考查公式:人均成本 $=\dfrac{\text{总成本}}{\text{总人数}}$,因此围绕总成本的计算和人数两方面解决.同时,因为本题没有具体数值限制,所以可以采用特值法分析.

32.【答案】D

【解析】该题考查百分比的比例问题.设甲公司年终奖总额为 x,乙公司年终奖总额为 y,由题干可得 $1.25x=0.9y\Rightarrow x:y=18:25$.设甲、乙公司人数分别为 a,b,由条件(1)可得 $\dfrac{x}{a}=\dfrac{y}{b}\Rightarrow a:b=x:y=18:25$,条件(1)充分;由条件(2),可得 $a:b=x:y=18:25$,条件(2)充分.

> **敲黑板** 考生需根据公式:总年终奖=人数×人均年终奖来解题.

33.【答案】B

【解析】该题考查多个量的百分比计算问题.设丙的成绩为 x 分,总成绩为 $70\times30\%+75\times20\%+50\%x\geqslant60\Rightarrow x\geqslant48$,但题意表明每部分成绩 $\geqslant50$ 分,因此此人丙成绩的分数至少是 50 分.

敲黑板 该题有陷阱,容易错选 A.

题型五:比例的基本计算问题

34.【答案】 C

【解析】 该题考查折叠整体比例计算问题.

设绳长为 x 尺,井深为 y 尺,则

$$\begin{cases} \dfrac{x}{3}=y+4, \\ \dfrac{x}{4}=y+1, \end{cases} \Rightarrow \begin{cases} x=36, \\ y=8, \end{cases}$$

故绳长为 36 尺,井深为 8 尺.

敲黑板 本题核心在于"绳长不变",并且是先折好,再测量.

35.【答案】 C

【解析】 该题考查简单的比例计算问题. 设第一、二、三篇文章的页数分别为 $x, \dfrac{x}{2}, \dfrac{x}{3}$,又已知第三篇比第二篇少 10 页,可得 $\dfrac{x}{3}+10=\dfrac{x}{2} \Rightarrow x=60$,因此这本书共有 110 页.

敲黑板 三篇文章页数之比为 6∶3∶2,共计总份数为 11 份,则这本书共计页数为 11 的倍数.

36.【答案】 C

【解析】 该题考查简单的比例计算问题. 设职工有 x 人,则买的足球数量为 $\dfrac{x}{3}$,排球数量为 $\dfrac{x}{4}$,篮球数量为 $\dfrac{x}{5}$,则 $\dfrac{x}{3}+\dfrac{x}{4}+\dfrac{x}{5}=94 \Rightarrow x=120$.

敲黑板 因为球的个数为整数,所以人数为 3 的倍数、4 的倍数、5 的倍数,最小公倍数为 60,符合条件的为 120.

37.【答案】 D

【解析】 该题考查简单的比例计算问题.

条件(1),可知一满杯酒的体积为 $\dfrac{7}{8}-\dfrac{3}{4}=\dfrac{1}{8}$(升),条件(1)充分;

条件(2),可知一满杯酒的体积为 $\left(\dfrac{3}{4}-\dfrac{1}{2}\right) \div 2=\dfrac{1}{8}$(升),条件(2)也充分.

> **敲黑板** 本题也可通过把题干代入条件中验证来解题.

38.【答案】E

【解析】该题考查比例关系基本计算及量的换算问题.假设小贩的称与实际重量之间的比例是 x,小贩称出来的肉的实际重量是 A 斤.因 100 克=0.2 斤,可以得计算式如下:

$$\begin{cases} \dfrac{4}{A}=x, \\ \dfrac{4.25}{A+0.2}=x \end{cases} \Rightarrow \dfrac{4}{A}=\dfrac{4.25}{A+0.2} \Rightarrow A=3.2,$$

$4-3.2=0.8$,还差 8 两.

> **敲黑板** 该题考生需明确小贩的称与实际重量之间的比例是定值,根据此关系来列方程.

39.【答案】D

【解析】该题考查求总量问题.甲、乙两店库存比为 8:7,相差 1 份,库存差为 5,说明 1 份是 5,此时甲、乙两店的库存为 $(8+7)\times 5=75$(台),故甲、乙两店总进货量为 $75+10+15=100$(台).

> **敲黑板** 该题的关键是找到"份数"与"量"之间的对应关系.

40.【答案】A

【解析】该题考查基本比例计算问题.

设这批货物有 x 件,则根据题意得 $\dfrac{60\%x}{40\%x-100}=\dfrac{7}{3}\Rightarrow x=700$.

> **敲黑板** 该题为甲:丙=7:3,且货物为整数,则甲为 7 的倍数,又因甲=$\dfrac{3}{5}$总数,$\dfrac{3}{5}$ 不含 7 的倍数,所以总数为 7 的倍数.

41.【答案】D

【解析】设甲部门有 x 人、乙部门有 y 人,可知 $\begin{cases} 2(x-10)=y+10, \\ \dfrac{4}{5}y=x+\dfrac{1}{5}y \end{cases} \Rightarrow \begin{cases} x=90, \\ y=150, \end{cases}$ 因此该公司共有 $90+150=240$(人).

> **敲黑板** 该题包含两个变量并且还涉及方程组的求解,有一定的计算量.

42.【答案】C

【解析】该题考查简单比例问题.

根据图表可知 1—3 月女性观众总人数为 $6+3+4=13$(万人),男性观众总人数为 $5+4+3=12$

25

(万人),则男、女观众人数之比为12∶13.

> **敲黑板** 考生只需按照图表找出男性和女性相应月份对应的比例份数即可.

43.【答案】C

【解析】该题考查投票的比例问题. 化简题干,设男员工为 $3k$,x 人投赞成票,女员工为 $2k$,y 人投赞成票,所求问题为 $y>k$.

条件(1),$x+y>5k×40\%=2k$,不充分;

条件(2),$y>x$,也不充分.

将条件(1)和条件(2)联合,$\begin{cases} x+y>5k×40\%, \\ y>x \end{cases} \Rightarrow y>k$,充分.

> **敲黑板** 该题考生需明确投赞成票的人数即为参加投票的人数,没有反对票,然后找出等量关系.

专题三 路程问题

题型一:相对运动问题

1.【答案】E

【解析】该题考查相对运动的相向问题. 两车相向开来,则当两车头相遇到车尾相离时,它们行驶的总路程为两车长度之和,所以两车头相遇到车尾相离所需时间为 $t_{相遇}=\dfrac{s_{和}}{v_{和}}=\dfrac{187+173}{25+20}=8(秒)$.

> **敲黑板** 考生需明确两车头相遇到车尾相离所行驶的总路程为两列火车车身长度之和.

2.【答案】C

【解析】该题考查火车过桥梁、山洞问题. 设需要 t 秒,因为速度不变,所以有

$$\dfrac{525+75}{40}=\dfrac{300+75}{t} \Rightarrow t=25.$$

> **敲黑板** 火车过桥或过山洞,所行驶的路程为车长加上桥梁或山洞的长度.

3.【答案】A

【解析】该题考查火车过人问题. 坐在慢车上的人看快车行驶,人的速度为慢车速度,路程为快车的长度,即速度和为 $\dfrac{160}{4}=40(米/秒)$. 同理,坐在快车上的人看慢车行驶,人的速度为快车速度,

路程为慢车的长度,所以快车上的人看见整列慢车驶过的时间是 $\dfrac{120}{40}=3$(秒).

敲黑板 相向行驶,车经过人时,车与人构成相遇问题,即车尾和人相遇,路程和为车长,速度为人的速度与车的速度之和.

4.【答案】D

【解析】该题考查火车过人问题.通讯员从队首跑到队尾,属于相向运动,时间为 $\dfrac{800}{80\times3+80}=2.5$(分钟).通讯员从队尾跑到队首,属于同向运动,时间为 $\dfrac{800}{80\times3-80}=5$(分钟),再加上传达命令的 1 分钟,故通讯员全程花费的时间为 $2.5+1+5=8.5$(分钟).

敲黑板 考生需明确花1分钟传达命令,一定是边走边传达,所以总时间一定要加上1分钟.

5.【答案】C

【解析】该题考查火车过隧道和电线杆的问题.设火车长度为 l,根据题意有 $\dfrac{1\,600+l}{25}=\dfrac{l}{5}\Rightarrow l=400$ 米.

敲黑板 考生需明确火车过电线杆的总路程为火车的长度,火车过隧道的总路程为火车长度加隧道长度.

6.【答案】D

【解析】该题考查火车过人问题.设火车的速度是 $v_{火}$,车长为 l,行人速度为 1 米/秒,骑车人速度为 3 米/秒,则有 $\begin{cases}\dfrac{l}{v_{火}-1}=22,\\ \dfrac{l}{v_{火}-3}=26\end{cases}\Rightarrow l=286$ 米.

敲黑板 该题中火车的车身长为 22 和 26 的倍数.

7.【答案】D

【解析】该题考查火车过桥问题.设该火车长 l 米,速度为 v 米/秒,则由题设知
$$v=\dfrac{250+l}{10}=\dfrac{450+l}{15}\Rightarrow l=150,v=40,$$
故通过长为 1 050 米的桥梁的时间为 $\dfrac{1\,050+150}{40}=30$(秒).

敲黑板 火车过桥、山洞问题,属于路程问题中比较简单的一类问题,现将模型总结如下(见图). 过桥梁、山洞:经过时间 $t=\dfrac{l+s}{v_{车}}$.

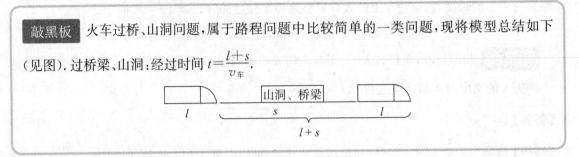

题型二:直线型相遇与追及路程问题

8.【答案】D

【解析】该题考查相遇问题. 设乙汽车的速度为 $v_乙$ 公里/小时,根据题干分析得,甲车行驶 7 小时,乙车行驶 5 小时,则

$$55\times 7+v_乙\times 5=695\Rightarrow v_乙=62.$$

敲黑板 考生需明确甲比乙多走 2 小时,根据此关系来列方程.

9.【答案】C

【解析】该题考查相遇问题. 设甲从 A 到 B 走了 x 小时,则乙从 B 到 A 再返回到 B,路上用时 $x-1$ 小时,根据甲、乙速度的关系,有 $\dfrac{15}{x}+10=\dfrac{15\times 2}{x-1}$,解得 $x=3$ 或 $x=-\dfrac{1}{2}$(舍),即两人同时到达 B 地的时间为下午 3 时.

敲黑板 该题中 x 为 15 的约数,$x-1$ 为 30 的约数,故 $x=3$.

10.【答案】C

【解析】该题考查追及问题. 设甲的速度是 $v_甲$ 米/秒,乙的速度是 $v_乙$ 米/秒.

条件(1),$6=\dfrac{12}{v_甲-v_乙}$,显然推不出 $v_甲=6$,不充分.

条件(2),$5=\dfrac{2.5v_乙}{v_甲-v_乙}$,显然推不出 $v_甲=6$,不充分.

条件(1)和条件(2)联合考虑有 $\begin{cases}v_甲=6,\\v_乙=4,\end{cases}$ 联合充分.

敲黑板 追及问题的核心在于找路程差,找到路程差后利用公式求解即可.

11.【答案】D

【解析】该题考查相遇问题. 设甲、乙的速度分别为 x,y,A,B 两地距离为 s,根据题意得

$$\begin{cases}x+y=s,\\(x+1.5)\times 1.5+(y+1.5)\times 1.5=2s\end{cases}\Rightarrow s=9 \text{公里}.$$

敲黑板 本题虽涉及速度变化,但关键还是以相遇问题为解题模版.

12. 【答案】E

【解析】该题考查相遇问题.两车相遇时,货车和客车分别行驶了270千米和300千米,相遇后,客车到达甲地需要 $270 \div 100 = 2.7$(小时),则货车又走了 $2.7 \times 90 = 243$(千米),因此货车距离乙地 $300 - 243 = 57$(千米).

敲黑板 该题以相遇时间为切入点,转化为客车与货车行驶的路程是难点.

13. 【答案】D

【解析】该题考查相遇问题.设甲的车速为 $v_甲$ 千米/小时,乙的车速为 $v_乙$ 千米/小时,根据题意

分析得 $\begin{cases} (v_甲 + v_乙) \times 2 = 330, \\ 2\frac{2}{5} v_甲 = 2 v_乙 \end{cases} \Rightarrow v_乙 = 90.$

敲黑板 此题是典型的相遇问题,直接找等量关系列方程即可.

题型三:圆圈型路程问题

14. 【答案】E

【解析】该题考查同向和反向的跑圈问题.设环形跑道的长度为 s,则

$$\begin{cases} \dfrac{s}{v_甲 + v_乙} = \dfrac{48}{60}, \\ \dfrac{s}{v_甲 - v_乙} = 10 \end{cases} \Rightarrow \begin{cases} v_甲 = 270, \\ v_乙 = 230. \end{cases}$$

敲黑板 考生需熟记圆圈型路程同向及相向运动的相关公式.

15. 【答案】C

【解析】该题考查同向的跑圈问题.设甲、乙的速度分别为 $v_甲, v_乙$,则 $v_甲 - v_乙 = \dfrac{400}{25} = 16$,$v_甲 = v_乙 + 16 = \dfrac{400}{8} + 16 = 66$(米/分钟).

敲黑板 考生需熟记圆圈型路程同向运动,每相遇一次,二者路程差为一圈;相向运动,每相遇一次,二者路程和为一圈.

16. 【答案】C

【解析】该题考查跑圈问题.设甲、乙的速度分别为 $v_甲, v_乙$,跑道长为 s.条件(1)和条件(2)单独

显然不充分.

将条件(1)和条件(2)联合,得 $\begin{cases} \dfrac{s}{v_甲+v_乙}=2, \\ \dfrac{s}{v_甲-v_乙}=6 \end{cases} \Rightarrow \begin{cases} v_甲=\dfrac{1}{3}s, \\ v_乙=\dfrac{1}{6}s \end{cases} \Rightarrow$ 乙跑一圈所需时间 $t_乙=\dfrac{s}{v_乙}=$ 6分钟.

> **敲黑板** 考生需熟记圆圈型路程同向及相向运动的相关公式.

题型四:变速度与变效率问题

17.【答案】B

【解析】该题考查速度变化问题.设约会地点距出发点 s 米,所定时间距出门时间为 t 分钟.根据公式

$$v_1 \times v_2 = \dfrac{s}{\Delta t} \times \Delta v \Rightarrow 60 \times 75 = \dfrac{s}{9} \times 15 \Rightarrow s=2\,700,$$

则 $t=\dfrac{2\,700}{60}-5=40$.

> **敲黑板** 考生需熟记变速度公式.

18.【答案】B

【解析】该题考查速度变化问题.根据公式

$$v_1 \times v_2 = \dfrac{s}{\Delta t} \times \Delta v \Rightarrow v \times (v+10) = \dfrac{150}{\frac{1}{2}} \times 10 \Rightarrow v=50 \text{ 公里/小时}.$$

> **敲黑板** 考生需明确仅在150公里处才有速度的变化.

19.【答案】D

【解析】该题考查变效率问题.设原施工速度为 v 米/天,原计划施工工期是 t 天,根据公式

$$v_1 \times v_2 = \dfrac{s}{\Delta t} \times \Delta v \Rightarrow v \times (v+2) = \dfrac{2\,000}{50} \times 2 \Rightarrow v=8,$$

则 $t=\dfrac{2\,400}{8}=300$.

> **敲黑板** 考生需熟记变效率公式.

20.【答案】E

【解析】该题考查变效率问题.当剩下材料的 $\dfrac{3}{5}$ 时,才有速度的变化,设这份材料有 s 个字,根据

公式

$$v_1 \times v_2 = \frac{s}{\Delta t} \times \Delta v \Rightarrow 30 \times 42 = \frac{\frac{3}{5}s}{30} \times 12 \Rightarrow s = 5\,250.$$

> **敲黑板** 本题关键点是剩下总量的 $\frac{3}{5}$ 时才出现了效率提高，即发生变化，由此为突破口，采用变效率公式来解题.

21. 【答案】B

【解析】该题考查变速度问题. 设办公室距家 s 米，从老王出发经过 t 分钟后会议开始，根据公式

$$v_1 \times v_2 = \frac{s}{\Delta t} \times \Delta v \Rightarrow 150 \times 210 = \frac{s}{10} \times 60 \Rightarrow s = 5\,250 \Rightarrow t = \frac{5\,250}{150} - 5 = 30.$$

> **敲黑板** 考生需熟记变速度公式.

22. 【答案】D

【解析】该题考查变速度问题. 设计划速度为 v_1 千米/小时，计划前一半路程行驶时间为 t 小时，全程为 s 千米.

由前一半路程得 $v_1 \times 0.8v_1 = \dfrac{\frac{s}{2}}{\frac{3}{4}} \times 0.2v_1 \Rightarrow t = \dfrac{\frac{s}{2}}{v_1} = 3.$

后一半路程的平均速度为 120 千米/小时，后一半路程为 $120 \times \left(3 - \dfrac{3}{4}\right) = 270$，则全程 $s = 540$.

> **敲黑板** 考生需明确以下两点.
> (1) 前一半路程即 $\dfrac{s}{2}$，由于有速度变化，可以用变速度公式解题；
> (2) 后一半路程的速度与前一半路程的速度没有任何关系，通过时间关系来列等量关系.

23. 【答案】E

【解析】该题考查变速度路程. 条件(1)和条件(2)单独显然不充分.

将条件(1)和条件(2)联合，已知维修路段的通行速度，且路上比平时多用了半个小时，根据变速度公式 $v_{原} \times v_{维修} = \dfrac{s_{维修}}{\frac{1}{2}} \times \Delta v$，由于 $v_{原}$ 未知，所以联合也不充分.

> **敲黑板** 考生必须明确只有维修这段路程才有速度的变化，从而引起时间差，再利用变速度公式来解题.

题型五：时间一定，路程和速度成正比问题

24.【答案】 B

【解析】 该题考查时间一定,路程和速度成正比.设乙到达终点时,丙的路程为 x 米,则由题设可知

$$\frac{v_乙}{v_丙}=\frac{s_乙}{s_丙}=\frac{90}{84}=\frac{100}{x} \Rightarrow 100-x=\frac{20}{3} 米.$$

> **敲黑板** 本题核心在于,三个人的运动时间相同,并且为同一起点出发.又因为速度不变,因而可转化利用三比例关系解决.

25.【答案】 B

【解析】 该题考查时间一定,路程和速度成正比.

由题设可知 $\frac{v_乙}{v_甲}=\frac{960}{1\,000}$, $\frac{v_甲}{v_丙}=\frac{1\,000}{936}$,推出 $\frac{v_丙}{v_乙}=\frac{936}{960}=\frac{s_丙}{1\,000}$,解得 $s_丙=\frac{936 \times 1\,000}{960}=975$(米),故丙距离终点 25 米.

> **敲黑板** 本题核心在于,三个人的运动时间相同,并且为同一起点出发.又因为速度不变,因而可转化利用三比例关系解决.

题型六：顺水与逆水问题

26.【答案】 A

【解析】 该题考查顺水与逆水问题.

特值法,取水速为 10,船速为 20,路程为 1.

则原来往返一次所需的时间为 $\frac{1}{20+10}+\frac{1}{20-10}=\frac{4}{30}$;

后来往返一次所需的时间为 $\frac{1}{20+15}+\frac{1}{20-15}=\frac{8}{35}>\frac{4}{30}$.

> **敲黑板** 该题涉及未知量比较多,当题目中没有具体数值限制时,可以对题目中的数值取特值来分析.

27.【答案】 D

【解析】 该题考查顺水与逆水问题.设船速和水速分别为 v_1 和 v_2,起航 t 分钟后木板丢失,从木板丢失到船员发现,用了 $50-t$ 分钟,此时木板行进了 $(50-t)v_2$ 的距离,而船则反方向行进了 $(50-t)(v_1-v_2)$ 的距离.

从 8:50 开始追,用了 30 分钟追上木板,得到关系式

$$(50-t)v_2+(50-t)(v_1-v_2)+30v_2=30(v_1+v_2) \Rightarrow t=20.$$

> **敲黑板** 在顺水、逆水中遇到相遇与追及模型时,水流速度不构成影响,可假设水流速度为0.

28.【答案】B

【解析】该题考查顺水与逆水问题.

顺水时间 $t_1=\dfrac{78}{30}=2.6(\text{h})$;逆水时间 $t_2=\dfrac{78}{26}=3(\text{h})$.

故往返一次所需时间 $t=t_1+t_2=2.6+3=5.6(\text{h})$.

> **敲黑板** 考生需熟记 $v_\text{顺}=v_\text{船}+v_\text{水}$,$v_\text{逆}=v_\text{船}-v_\text{水}$.

题型七:路程基本概念的计算问题

29.【答案】A

【解析】该题考查路程基本概念问题.

设再行驶 x 公里,则 $5\times\left(351\times\dfrac{1}{9}+x\right)=351-\left(351\times\dfrac{1}{9}+x\right)$,解得 $x=19.5$.

> **敲黑板** 本题总量为已知条件,通过剩下的路程和已行驶的路程找等量关系来列方程.

30.【答案】C

【解析】该题考查全程问题.设公路长 x 公里,则有 $\dfrac{x}{40}+3=\dfrac{x-40}{40\times\dfrac{3}{5}}\Rightarrow x=280$.

> **敲黑板** 运动对象不同,利用不同运动对象的路程、时间关系列方程.

31.【答案】D

【解析】该题考查互换目的地的路程问题.设甲的速度为 x,乙的速度为 y,则 1 小时后甲的路程为 x,乙的路程为 y,互换目的地后,得 $\dfrac{x}{y}=\dfrac{y}{x}-\dfrac{35}{60}\Rightarrow\dfrac{x}{y}=\dfrac{3}{4}$ 或 $\dfrac{x}{y}=-\dfrac{4}{3}$(舍去).

> **敲黑板** 本题求速度比,因而互换位置后,利用正反比关系处理.

32.【答案】B

【解析】该题考查路程基本概念中的平均速度问题.

设总路程为 1,则 $t=\dfrac{1}{6}+\dfrac{1}{12}$,来回总路程为 2,故速度为 $\dfrac{2}{\dfrac{1}{6}+\dfrac{1}{12}}=8$(公里/小时).

33

> **敲黑板** 本题利用特值法,把路程设为1,利用公式:平均速度=$\dfrac{总路程}{总时间}$.

33.【答案】B

【解析】该题考查路程基本概念中的运动方向问题. 由题设向东为正、向西为负知-10 表示向西 10 公里,+6 表示再向东 6 公里.

所在位置-10+6=-4 表示在首次出发地的西面 4 公里处,故最后一名乘客所在位置为 -10+6+5-8+9-15+12=-1,即在首次出发地的西面 1 公里处.

> **敲黑板** 本题命题较为新颖,将运动方向与正、负号相结合,核心在于求出净数值再分析.

34.【答案】C

【解析】该题考查路程基本概念中的间隔问题. 当最后一列车到达时,第一列车相当于最少走了 600+15×25=975(公里),故所需时间最少为 $\dfrac{975}{125}$=7.8(小时).

> **敲黑板** 本题不是一辆车,而是多辆车有间隔的行驶,关键是将其看成一个整体分析.

35.【答案】C

【解析】该题考查路程基本概念问题.

条件(1)和条件(2)显然单独无法得出具体时间,联合可得,乘动车时间与乘汽车时间都是 3 小时,则 A,B 两地的距离为(220+100)×3=960(千米),充分.

> **敲黑板** 借助路程问题的基本公式 $s=vt$ 计算即可.

36.【答案】C

【解析】该题考查路程问题.

由题图可知,横、纵坐标分别表示时间和速度,由路程=速度×时间,可知梯形的面积表示总路程 72 千米,则根据梯形面积公式得 $\dfrac{0.6+1}{2} \cdot v_0 = 72 \Rightarrow v_0 = 90$ 千米/小时.

> **敲黑板** 此题特点是路程以图形的形式来展现,即总路程=梯形面积.

题型八:两人多次折返相遇问题

37.【答案】D

【解析】该题考查多次折返相遇问题,只要相遇,时间就相等.

根据公式 $\dfrac{v_甲}{v_总} = \dfrac{s_甲}{s_总} \Rightarrow \dfrac{100}{180} = \dfrac{s_甲}{5 \times 1\,800} \Rightarrow s_甲 = 5\,000$ 米,因此甲距其出发点为 $5\,000 - 1\,800 \times 2 = 1\,400$(米).

敲黑板 要求考生熟记两人多次折返相遇的公式.

(1) $\dfrac{v_{甲}}{v_{总}} = \dfrac{s_{甲}}{s_{总}}$；

(2) 两人第 n 次相遇，则两人所走的总路程为 $(2n-1)s$.

专题四　工程问题

题型一：工程基本概念求解问题

1.【答案】 D

【解析】 1小时=3 600秒，可生产 $\dfrac{3\,600}{15} \times 4 = 960$（件）.

敲黑板 本题只涉及简单的时间单位转化.

2.【答案】 A

【解析】 该题考查总量问题. 这个月（按 30 天计算）旅游鞋的产量为 $\dfrac{5\,000 \times 45\%}{12} \times 30 = 5\,625$（双）.

敲黑板 本题的关键点是求出每天完成的任务量，即效率.

3.【答案】 A

【解析】 该题考查单位时间的工程问题. 7 天可以运走全部的 35%，那么每天可运走全部的 5%，余下 65% 需要 $\dfrac{65\%}{5\%} = 13$（天）.

敲黑板 该题考查工程基本概念的应用，以及效率一定，时间与总量的关系.

4.【答案】 C

【解析】 该题考查效率问题. 每分钟漏进的水有 $\dfrac{(20+16) \times 50 - 600}{50} = 24$（桶）.

敲黑板 考生需明确排水总量＝进水总量＋600.

5.【答案】 A

【解析】 该题考查效率问题. 设 A，B 型收割机每日收割小麦的公顷数分别为 x，y，由题设知 $\begin{cases} 9x + 3y = 189, \\ 5x + 6y = 196 \end{cases} \Rightarrow x = 14, y = 21.$

> **敲黑板** 该题根据公式"工作总量＝工作效率×工作时间"来列方程.

6. 【答案】C

   【解析】该题考查总量问题. 设大车、小车每辆各运 x,y 吨，则
   $$\begin{cases} 2x+3y=15.5, \\ 5x+6y=35, \end{cases} 解得 \begin{cases} x=4, \\ y=2.5, \end{cases}$$
   所以 $3x+5y=24.5$.

> **敲黑板** 遇到两个或多个物体参与时，引入未知数后可降低难度，转化成方程组求解.

7. 【答案】D

   【解析】该题考查效率变化问题.
   $$一队\begin{cases} 晴天效率为\dfrac{1}{12}; \\ 雨天效率为\dfrac{1}{12}\times 60\%=\dfrac{1}{20}. \end{cases} 二队\begin{cases} 晴天效率为\dfrac{1}{15}; \\ 雨天效率为\dfrac{1}{15}\times 80\%=\dfrac{4}{75}. \end{cases}$$
   设这段施工期内雨天天数为 x，晴天天数为 y，则
   $$\begin{cases} \dfrac{1}{12}y+\dfrac{1}{20}x=1, \\ \dfrac{1}{15}y+\dfrac{4}{75}x=1 \end{cases} \Rightarrow x=15.$$

> **敲黑板** 该题的效率变化问题为真题中较为复杂的题目类型，找出晴天和雨天的效率，再列方程组去计算.

8. 【答案】C

   【解析】该题考查效率大小问题. 显然条件(1)和条件(2)单独都不充分，现将条件(1)和条件(2)联合.
   $$\begin{cases} 甲效+乙效=\dfrac{1}{10}, \\ 乙效+丙效=\dfrac{1}{5} \end{cases} \Rightarrow 丙效-甲效=\dfrac{1}{10}.$$

> **敲黑板** 该题只需比较效率的大小，不用计算出具体结果.

9. 【答案】D

   【解析】该题考查效率与时间问题.

   条件(1)，$t_{新1}=4$ 小时，$t_{新2}=5$ 小时，则 $t_{合作}=\dfrac{4\times 5}{4+5}$ 小时 <2.5 小时，充分.

条件(2),一台新型打印机与两台旧型打印机同时打印,只需保证新型打印机效率低的与旧型打印机合作即可,则$t_{合作}=\dfrac{1}{\dfrac{1}{5}+\dfrac{1}{9}+\dfrac{1}{11}}$小时<2.5小时,充分.

> **敲黑板** 考生需熟记公式,甲m天完成,乙n天完成,则甲、乙合作完成的时间为$\dfrac{mn}{m+n}$.

10.【答案】D

【解析】该题考查效率问题.设甲组每天植树x棵,则乙组每天植树$x-4$棵,列方程$2(x-4)+3(2x-4)=100$,解得$x=15$.

> **敲黑板** 考生需明确,该题中乙全程是在植树,根据此关系来列方程.

11.【答案】E

【解析】该题考查时间问题.

条件(1),甲效+乙效=$\dfrac{1}{3}$,不充分,条件(2),甲效+丙效=$\dfrac{1}{4}$,不充分.

条件(1)和条件(2)联合起来也不充分.

> **敲黑板** 考生注意两个条件联合也无法算出合作的总效率.

题型二:时间一定,总量与效率成正比问题

12.【答案】A

【解析】该题考查单位时间的工程问题.甲、乙两机床4小时共生产某种零件360个,则每小时共生产90个,又甲、乙两台机床的生产效率之比为1 225:1 025=49:41,故甲机床每小时生产49个.

> **敲黑板** 时间一定,工作量与工作效率成正比例关系.

13.【答案】A

【解析】该题考查时间一定,总量与效率成正比.设这条公路长度为L,则

$$\dfrac{s_{甲}}{s_{乙}}=\dfrac{v_{甲}}{v_{乙}}=\dfrac{\dfrac{1}{40}}{\dfrac{1}{24}}=3:5,$$

即$s_{乙}$占这条公路的$\dfrac{5}{8}$,则7.5公里占这条公路的$\dfrac{5}{8}-\dfrac{1}{2}$,故总长$L=\dfrac{7.5}{\dfrac{5}{8}-\dfrac{1}{2}}=60$(公里).

> **敲黑板** (1) 时间一定,总量与效率成正比;
> (2) 总量 = $\dfrac{\text{部分量}}{\text{部分量所占份数}}$.

题型三：两个人的工程问题

14.【答案】 A

【解析】**法一** 设这批货物共有 x 吨,乙队每小时可运 y 吨,则有

$$\begin{cases} 9(3+y)=\dfrac{1}{2}x, \\ 30y=x \end{cases} \Rightarrow x=135, y=4.5.$$

法二 $\begin{cases} \text{甲 18 小时}+\text{乙 18 小时完成}, \\ \text{乙 30 小时完成} \end{cases}$ $\Rightarrow$ 甲 18 小时 + 乙 18 小时 = 乙 30 小时 $\Rightarrow$ 甲 3 小时 = 乙 2 小时,则乙 30 小时 = 甲 45 小时,即甲单独做需 45 小时,这批货物共有 $45\times 3=135$(吨).

> **敲黑板** 完成"50%"扩大 2 倍,即可转化成完成整项工程. 若遇到完成这项工程的 $\dfrac{n}{m}$,则时间扩大 $\dfrac{m}{n}$ 倍后,转化为单位"1"分析.

15.【答案】 B

【解析】该题考查两个人的工程问题.

法一 设甲的效率为 x,乙的效率为 y,工作总量为 1,则

$$\begin{cases} (x+y)\times 30=1, \\ 34x+27y=1 \end{cases} \Rightarrow x=\dfrac{1}{70}.$$

故甲单独完成需要 70 天.

法二 $\begin{cases} \text{甲 30 天}+\text{乙 30 天完成}, \\ \text{甲 34 天}+\text{乙 27 天完成} \end{cases}$ $\Rightarrow$ 甲 30 天 + 乙 30 天 = 甲 34 天 + 乙 27 天,合并同类项得

甲 4 天 = 乙 3 天,甲 40 天 = 乙 30 天.

故甲 30 天 + 乙 30 天 = 甲 30 天 + 甲 40 天 = 甲 70 天.

> **敲黑板** (1) 求时间问题,必须设效率;
> (2) 工程量转化问题,先找出关系式,甲 m 天 = 乙 n 天,再扩大相应倍数即可.

16.【答案】 B

【解析】**法一** 设规定时间是 t 天,则甲和乙的效率分别为 $\dfrac{1}{t+4}$ 和 $\dfrac{1}{t-2}$,则

$$\dfrac{1}{t+4}\times t+\dfrac{1}{t-2}\times 3=1,$$

解得 $t=20$.

法二 $\begin{cases}甲单独做要比规定的时间推迟4天,\\乙单独做要比规定的时间提前2天\end{cases}\Rightarrow$甲、乙单独完成该工程时间差为6天.

根据题干分析得,甲全程都参与工作,乙帮了3天忙,最后在规定时间内完成,则甲4天=乙3天,因为二者相差1天,而实际二者是相差6天,故扩大6倍.

则甲24天=乙18天,因此规定时间为24-4=20(天).

敲黑板 该题关键是找到甲4天=乙3天的关系,之后再扩大6倍即可.

17.【答案】E

【解析】法一 求天数问题,必须以效率为核心.

$\begin{cases}甲效+乙效=\dfrac{1}{28},\\乙效+丙效=\dfrac{1}{35}\end{cases}\Rightarrow$丙效$=\dfrac{1}{105}$.

法二 甲60天=甲28天+乙28天=乙35天+丙35天,

合并同类项得 甲32天=乙28天$\Rightarrow$甲8天=乙7天.

所以甲20天=丙35天$\Rightarrow$甲60天=丙105天.

敲黑板 (1)求天数问题时,必须以效率为核心,转化成利用效率建立等式;
(2)工程量的等量转化,关键是找到"甲m天=乙n天"这样的等工程量表达式.

题型四:求工时费问题

18.【答案】A

【解析】该题考查总工时费用问题.

设每天付给甲、乙、丙的费用分别是a元、b元、c元,则

$$\begin{cases}6a+6b=8\,700,\\10b+10c=9\,500,\\7.5a+7.5c=8\,250\end{cases}\Rightarrow\begin{cases}a=800,\\b=650,\\c=300.\end{cases}$$

设甲、乙、丙的效率分别为x,y,z,则

$$\begin{cases}x+y=\dfrac{1}{6},\\y+z=\dfrac{1}{10},\\x+z=\dfrac{1}{7.5}\end{cases}\Rightarrow\begin{cases}x=\dfrac{1}{10},\\y=\dfrac{1}{15},\\z=\dfrac{1}{30}.\end{cases}$$

由题意知排除丙队,因此若要甲做,需付8 000元;若要乙做,需付9 750元.因此甲队最划算.

19.【答案】A

【解析】该题考查总工时费问题.设甲、乙、丙效率分别为 x,y,z,每个人每天的人工费分别为 a 元、b 元、c 元,则

$$\begin{cases} x+y=\dfrac{1}{2}, \\ y+z=\dfrac{1}{4}, \\ x+z=\dfrac{5}{12} \end{cases} \Rightarrow \begin{cases} x=\dfrac{1}{3}, \\ y=\dfrac{1}{6}, \\ z=\dfrac{1}{12}, \end{cases} \begin{cases} 2a+2b=2\,900, \\ 4b+4c=2\,600, \\ 2a+2c=2\,400 \end{cases} \Rightarrow \begin{cases} a=1\,000, \\ b=450, \\ c=200. \end{cases}$$

因此甲单独做该工作需要 3 天,需要的人工费共 3 000 元.

敲黑板 可以先求出每天工时费,则总工时费为每天工时费的倍数,即为 1 000 的倍数.

20.【答案】E

【解析】该题考查总工时费问题.设甲每天的工时费为 a 万元,乙每天的工时费为 b 万元,根据题意列方程,有

$$\begin{cases} 6(a+b)=2.4, \\ 4a+9b=2.35 \end{cases} \Rightarrow a=0.25.$$

$\begin{cases} \text{甲 6 天}+\text{乙 6 天完成}, \\ \text{甲 4 天}+\text{乙 9 天完成} \end{cases} \Rightarrow$ 甲 6 天+乙 6 天=甲 4 天+乙 9 天 $\Rightarrow$ 甲 2 天=乙 3 天 $\Rightarrow$ 乙 6 天=甲 4 天,则甲完成此工程需要 10 天,工时费共计 $0.25\times 10=2.5$(万元).

敲黑板 可以先求出每天工时费,则总工时费为每天工时费的倍数,即为 0.25 的倍数.

题型五:效率增长率问题

21.【答案】C

【解析】该题考查效率增长率问题.计划 10 天完成,则每天完成 $\dfrac{1}{10}$.实际 $10-2=8$(天)完成,则每天完成 $\dfrac{1}{8}$,故每天的产量比计划平均提高了 $\dfrac{\frac{1}{8}}{\frac{1}{10}}-1=25\%$.

敲黑板 旧效率 n 天的工作量,现在新效率需要 $m(n>m)$ 天,则比旧效率平均提高了 $\dfrac{n}{m}-1$.

22.【答案】C

【解析】该题考查效率增长率问题.计划 7 天完成的工作,现在需要 5 天完成,即在剩余工作总量一定的情况下,由计划时间:实际时间=7:5,得到计划效率:实际效率=5:7,则效率需提高

$\frac{7}{5}-1=40\%$.

> **敲黑板** 旧效率 n 天的工作量,现在新效率需要 $m(n>m)$ 天,则比旧效率平均提高了 $\frac{n}{m}-1$.

题型六：轮流工作的工程问题

23.【答案】B

【解析】根据题意分析,该题是周期性的工程问题,甲、乙、丙、甲、乙、丙、甲、乙、丙……循环工作,甲、乙、丙一个周期(消耗 3 天),效率为 $\frac{1}{4}+\frac{1}{6}+\frac{1}{8}=\frac{13}{24}>\frac{12}{24}$(一半).

剩余工作,$1-\frac{13}{24}=\frac{11}{24}>\frac{1}{4}+\frac{1}{6}=\frac{10}{24}$(甲、乙各 1 天),故工作由丙收尾.

丙的收尾工作 $\frac{11}{24}-\frac{1}{4}-\frac{1}{6}=\frac{1}{24}$,丙的收尾工作时间为 $\frac{\frac{1}{24}}{\frac{1}{8}}=\frac{1}{3}$,故完成该工作需要天数为

$$3+2+\frac{1}{3}=5\frac{1}{3}.$$

> **敲黑板** 该题考查周期性工程问题,考生需明确两个问题:(1)一个周期的工作量;(2)确定工作结束是以谁收尾.

24.【答案】A

【解析】该题考查轮流工作问题.

条件(1),得丁一天完成的量为 $1-\frac{1}{3}-\frac{1}{4}-\frac{1}{6}=\frac{1}{4}$,故丁独立完成工作需要 4 天,充分;

条件(2),只能得到丁需要做的工作量,并不知道丁独立完成所需的时间,不充分.

> **敲黑板** 该题核心是转化成效率计算,建立等量关系.

专题五　杠杆问题

题型一：求人数或数量问题

1.【答案】A

【解析】该题考查人数问题.利用交叉法,

优秀　　90　　81－75
　　　　　　81
非优秀　75　　90－81

$\dfrac{\text{优秀人数}}{\text{非优秀人数}}=\dfrac{6}{9}=\dfrac{2}{3}$，因此，非优秀职工的人数是 $50\times\dfrac{3}{5}=30$（人）.

敲黑板 本题成绩类别分为两类，对应两个，优秀及非优秀，以及一个平均值，出现了"一个总体、两个部分、三个量"的表象特征，可使用交叉法.

2.【答案】D

【解析】该题考查人数问题.

$$\begin{array}{cccc} \text{男工} & 83 & & 80-78 \\ & & 80 & \\ \text{女工} & 78 & & 83-80 \end{array}$$

$\dfrac{\text{男工人数}}{\text{女工人数}}=\dfrac{2}{3}$，故女工有 $40\times\dfrac{3}{5}=24$（人）.

敲黑板 本题成绩类别分为两类，对应两个，男工及女工，以及一个平均值，出现了"一个总体、两个部分、三个量"的表象特征，可使用交叉法.

3.【答案】C

【解析】根据交叉法，

$$\begin{array}{cccc} \text{优秀} & 90 & & 80-72 \\ & & 80 & \\ \text{非优秀} & 72 & & 90-80 \end{array}$$

$\dfrac{\text{优秀生人数}}{\text{非优秀生人数}}=\dfrac{8}{10}=\dfrac{4}{5}$，则优秀生的人数为 $36\times\dfrac{4}{9}=16$（人）.

敲黑板 本题成绩类别分为两类，对应两个，优秀及非优秀，以及一个平均值，出现了"一个总体、两个部分、三个量"的表象特征，可使用交叉法.

4.【答案】E

【解析】该题考查数量问题.

$$\begin{array}{cccc} \text{一等奖} & 400 & & 280-270 \\ & & 280 & \\ \text{其他奖} & 270 & & 400-280 \end{array}$$

$\dfrac{\text{一等奖个数}}{\text{其他奖个数}}=\dfrac{1}{12}$，故一等奖为 $\dfrac{1}{1+12}\times 26=2$（个）.

敲黑板 本题奖品类别分为两类,对应两个价格,以及一个平均值,出现了"一个总体、两个部分、三个量"的表象特征,可使用交叉法.

5.【答案】 B

【解析】由题意可知,三个班的平均成绩显然大于80分且小于81.5分,设三个班总人数为x,则$\dfrac{6\,952}{81.5}<x<\dfrac{6\,952}{80}\Rightarrow 85.3<x<86.9$,因此三个班共有学生86名.

敲黑板 考生应明确该题用估算法效果更好,平均分一定介于最小值和最大值之间,根据此范围再确定人数范围.

题型二：求变量成绩或平均成绩问题

6.【答案】 B

【解析】设女同学的平均成绩为x分,则男同学平均成绩为$\dfrac{x}{1.2}$分,由题意知,女同学人数：男同学人数＝1∶1.8.

男同学 $\dfrac{x}{1.2}$ $x-75$

           75

女同学 x $75-\dfrac{x}{1.2}$

由题意得$\dfrac{x-75}{75-\dfrac{x}{1.2}}=\dfrac{1.8}{1}\Rightarrow x=84$分.

敲黑板 由于女同学平均成绩＝1.2×男同学平均成绩,故女同学平均成绩为1.2的倍数.

7.【答案】 C

【解析】该题考查总平均分问题.

设甲、乙两组射手的总平均成绩是x环,由题意可知,甲组平均成绩为$\dfrac{171.6}{1+30\%}=132$(环),甲组人数∶乙组人数＝1.2∶1.

甲   132 $171.6-x$

       x

乙   171.6 $x-132$

由题意得$\dfrac{171.6-x}{x-132}=\dfrac{1.2}{1}\Rightarrow x=150$环.

> **敲黑板** 本题成绩分为两类,对应甲组和乙组的平均成绩,以及甲、乙的人数之比,出现了"一个总体、两个部分、三个量"的表象特征,可使用交叉法.

8.【答案】C

【解析】该题考查平均成绩问题.

设女工的平均成绩为 x 分,则男工的平均成绩为 $\dfrac{x}{1.2}$ 分,由题意知,女工人数：男工人数 $= 1:1.8$.

$$
\begin{array}{ccc}
\text{男工} & \dfrac{x}{1.2} & x-75 \\
 & 75 & \\
\text{女工} & x & 75-\dfrac{x}{1.2}
\end{array}
$$

$\dfrac{\text{男工人数}}{\text{女工人数}} = \dfrac{x-75}{75-\dfrac{x}{1.2}} = \dfrac{1.8}{1} \Rightarrow x = 84$ 分.

> **敲黑板** (1)本题成绩分为两类,对应男工和女工平均成绩,以及男、女工的人数之比,出现了"一个总体、两个部分、三个量"的表象特征,可使用交叉法；
> (2)由于女工平均成绩 $=1.2\times$ 男工平均成绩,则女工平均成绩为 1.2 的倍数.

9.【答案】C

【解析】该题考查平均分问题.

条件(1)和条件(2)显然单独均不充分,考虑联合.

条件(1),设乙组的人数是 1,则甲组的人数是 1.2.

条件(2),甲组的平均成绩是 $\dfrac{171.6}{1+30\%} = 132$(环).

设两组射手的平均成绩是 x,将条件(1)和条件(2)联合,

$$
\begin{array}{ccc}
\text{甲} & 132 & 171.6-x \\
 & x & \\
\text{乙} & 171.6 & x-132
\end{array}
$$

由题意得 $\dfrac{171.6-x}{x-132} = \dfrac{1.2}{1} \Rightarrow x = 150$ 环.

> **敲黑板** 本题与 2002 年 10 月考查的为同一道题目,只是命题形式不同,也是用十字交叉法.

10. 【答案】D

【解析】该题考查平均分问题.

设全年级有 100 人,则男生 40 人,女生 60 人,根据十字交叉法,设平均分为 x.

$$\begin{array}{ccc} \text{男生} & 75 & 80-x \\ & & x \\ \text{女生} & 80 & x-75 \end{array}$$

$\dfrac{\text{男生人数}}{\text{女生人数}} = \dfrac{80-x}{x-75} = \dfrac{2}{3} \Rightarrow x = 78$ 分.

> 【敲黑板】 本题成绩分为两类,对应男生和女生平均成绩,以及二者的人数之比,出现了"一个总体、两个部分、三个量"的表象特征,可使用交叉法.

11. 【答案】B

【解析】该题考查平均分的问题.

条件(1),不知道男、女工人数,无法求出员工的平均年龄,不充分.

条件(2),根据杠杆原理可以求出该公司员工的平均年龄,充分.

> 【敲黑板】 本题年龄分为两类,对应男员工和女员工的平均年龄,以及男、女员工的人数之比,出现了"一个总体、两个部分、三个量"的表象特征,可使用交叉法.

12. 【答案】C

【解析】该题考查平均分升高问题.

条件(1),只给出了数学系和生物系的升降分数,缺少化学系和地学系的升降分数,不充分;

条件(2),只给出了化学系和地学系的升降分数,缺少数学系和生物系的升降分数,不充分.

将条件(1)和条件(2)联合,理学院的总平均分上升分数 $60 \times 3 + 60 \times (-2) + 90 \times 1 + 30 \times (-4) = 30$ 为正,故充分.

> 【敲黑板】 考生需明确平均分升高为正,平均分降低为负,再进行计算即可.

13. 【答案】C

【解析】两个条件单独均不充分,将两个条件联合.设该班共有 n 名同学.

$\overline{x_{总}} = \dfrac{x_{男} + x_{女}}{n}$,$x_{男} > x_{女}$,且增加的两名同学身高较高,因此最终平均身高增加了.

> 【敲黑板】 考生需明确男同学、女同学平均身高为定值且增加的两名同学身高较高. 部分量比较大,加上定值,则总体变大.

题型三：百分比混合问题

14.【答案】A

【解析】该题两次考查十字交叉法.

则 $\dfrac{\text{投入股市的钱数}}{\text{投入基金的钱数}} = \dfrac{3}{2}$. 已知从股市和基金的投资额中各抽回 15% 和 10%, 设总投资减少 c.

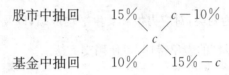

则 $\dfrac{\text{投入股市的钱数}}{\text{投入基金的钱数}} = \dfrac{c-10\%}{15\%-c} = \dfrac{3}{2} \Rightarrow c = 13\%$.

根据公式：总量 $= \dfrac{\text{部分量}}{\text{对应的比例}} = \dfrac{130}{13\%} = 1\,000$（万元）.

> **敲黑板** 该题两次用了十字交叉法，考生应明确两点：(1)投入股市的钱数与投入基金的钱数的比值是个定值；(2)部分量与总量的关系.

15.【答案】E

【解析】条件(1)和条件(2)单独均不充分，考虑联合. 由于平均分与班级的人数有关，与及格率没有任何关系，因此联合也不充分.

> **敲黑板** 及格率与男生的平均分及女生的平均分无关，只与班级中男生人数和女生人数有关.

题型四：倒扣问题

16.【答案】B

【解析】理想状态下运费为 $500 \times 0.5 = 250$（元），而实际运费为 240 元. 根据题意分析，只要打破一只就要损失 $2 + 0.5 = 2.5$（元），故打破的数量 $= \dfrac{10}{2.5} = 4$（只）.

> **敲黑板** 考生需熟记公式，损坏的数量 $= \dfrac{\text{理想的} - \text{实际的}}{\text{奖励的} + \text{倒扣的}}$.

专题六 浓度问题

题型一：两种浓度混合问题

1.【答案】 E

【解析】 该题考查浓度混合问题，利用十字交叉法．

$\dfrac{甲}{乙}=\dfrac{2}{3}$，

故甲为 $500\times\dfrac{2}{5}=200$（克），乙为 300 克．

> **敲黑板** 本题浓度为两类，对应甲浓度和乙浓度，以及混合后的浓度，出现了"一个总体，两个部分、三个量"的表象特征，可使用十字交叉法．

2.【答案】 C

【解析】 该题考查浓度混合问题．设三个试管各盛水 x 克、y 克和 z 克．

A 试管倒入后浓度为 $\dfrac{10\times12\%}{x+10}=6\%$，$x+10=20$，解得 $x=10$．

B 试管倒入后浓度为 $\dfrac{10\times6\%}{y+10}=2\%$，$y+10=30$，解得 $y=20$．

C 试管倒入后浓度为 $\dfrac{10\times2\%}{z+10}=0.5\%$，$z+10=40$，解得 $z=30$．

> **敲黑板** 本题盐水混合虽感觉复杂，但是核心在于通过浓度计算公式逐一求解，此题也可以用十字交叉法．

3.【答案】 E

【解析】 该题考查浓度混合问题．设甲浓度为 x，乙浓度为 y，根据物质守恒原则，得丙浓度 $=\dfrac{2x+y}{3}$．

条件（1），$\dfrac{x+5y}{6}=\dfrac{1}{2}\times\dfrac{2x+y}{3}\Rightarrow x=4y$，不充分；

条件（2），$\dfrac{x+2y}{3}=\dfrac{2}{3}\times\dfrac{2x+y}{3}\Rightarrow x=4y$，不充分；

条件（1）和条件（2）联合，$x=4y$，仍然不充分．

> **敲黑板** 在浓度问题中，我们往往需要根据物质守恒原则建立数量关系式．

4.【答案】E

【解析】该题考查浓度混合问题. 根据物质守恒原则,设甲的浓度为 x,乙的浓度为 y,则
$$\begin{cases} 10x+12y=22\times70\%, \\ 20x+8y=28\times80\% \end{cases} \Rightarrow x=91\%.$$

敲黑板 该题题干出现 70%,根据比例遗传性,答案一定是 7 的倍数,再根据题意分析,甲的浓度更大些.

题型二：浓度变化问题

5.【答案】E

【解析】该题考查水分蒸发问题,蒸发前后溶质的量不变. 原来溶质：溶剂 $=1:7$,现在溶质：溶剂 $=1:4$,因为水分蒸发溶质不变,溶剂减少了 3 份,原来溶液共 $1+7=8$ 份对应 40 千克,即 1 份对应 5 千克,3 份对应 15 千克.

敲黑板 本题关键词是"蒸发",蒸发时溶质不变,将溶质的比例份数统一,然后再根据溶剂的变化,找出一份对应的数量关系.

6.【答案】C

【解析】该题考查水分蒸发问题,蒸发前后果肉的量不变. 第一天水分：果肉 $=98:2=49:1$,总份数是 50. 第二天水分：果肉 $=97.5:2.5=39:1$,总份数是 40. 故份数变为原来的 80%. 第一天售出 600 斤,第二天售出 $400\times80\%=320$(斤),设售价为 x,根据公式,利润=售价-进价,则 $920x-1\,000=200 \Rightarrow x\approx1.3$.

敲黑板 水分蒸发问题,蒸发前后果肉的量不变,同时需要计算出总体的比例减少变化的份数,找出水分变化之后总体的重量再进行计算.

题型三：几个杯子互相倒问题

7.【答案】C

【解析】几个杯子互相倒的问题,方法是从后向前算. 先研究最后一次,丙容器中盐水的 $\frac{1}{10}$ 倒回甲容器,故丙中还剩 $\frac{9}{10}$ 溶液,即还剩 $\frac{9}{10}$ 溶质,则丙溶液中原来的含盐量为 $\frac{9}{\frac{9}{10}}=10$(千克),故丙溶液给甲溶液纯盐 $10\times\frac{1}{10}=1$(千克),故甲中纯盐为甲原来的盐水含盐量 $\times\frac{2}{3}+1=9 \Rightarrow$ 甲原来的盐水含盐量 $=12$ 千克.

> **敲黑板** 根据甲容器中盐水的 $\frac{1}{3}$ 倒入乙容器,故甲中原来盐水含盐量是 3 的倍数.

题型四:等量置换问题

8.【答案】C

【解析】该题考查等量置换问题. 根据公式

$$\text{原浓度} \times \frac{(V-a)(V-b)}{V^2} = \text{后浓度} \Rightarrow 1 \times \frac{(V-10)(V-4)}{V^2} = \frac{2}{5} \Rightarrow V=20 \text{ 升}.$$

> **敲黑板** (1)考生需明确纯酒精浓度为 100%;(2)技巧应用题中若出现一元二次方程时,建议用中值代入法来验证.

9.【答案】B

【解析】该题考查等量置换问题. 根据公式

$$\text{原浓度} \times \frac{(V-a)(V-b)}{V^2} = \text{后浓度} \Rightarrow 90\% \times \frac{(V-1)(V-1)}{V^2} = 40\% \Rightarrow V=3 \text{ 升}.$$

> **敲黑板** 考生需熟记等量置换公式.

专题七　集合问题

题型一:两个集合问题

1.【答案】D

【解析】该题考查两个集合问题. 根据题干分析,作文氏图如下.

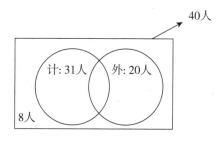

根据公式有 $31+20-\text{计算机} \cap \text{外语} = 40-8 = 32$,于是,计算机 $\cap$ 外语 $=19$ 人.

> **敲黑板** 根据公式,借助文氏图求解即可.

2.【答案】E

【解析】该题考查两个集合问题(见文氏图).

两个培训都参加的有 65－8＝57(人);

参加计算机培训而没参加外语培训的人数为 72－57＝15(人).

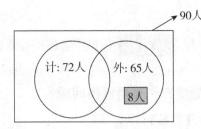

敲黑板 根据公式,借助文氏图求解即可.

3.【答案】D

【解析】假设学员总人数为100,则通过理论的为 70 人,通过路考的为 80 人,两者都通过的为 60 人(见文氏图),因此仅仅通过路考的为 80－60＝20(人);两种考试均未通过的为 100－(70＋80－60)＝10(人).两条件均充分.

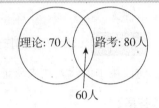

敲黑板 当题目中没有具体数值限制时,将其取特值计算方便理解.

4.【答案】C

【解析】有 30 人参加合唱团,参加合唱团但未参加运动队的有 8 人(见文氏图),故参加合唱团且参加运动队的有 30－8＝22(人);有 45 人参加运动队,故参加运动队但未参加合唱团的有 45－22＝23(人).

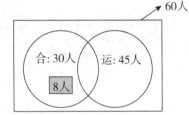

敲黑板 本题为两个集合的运算,根据题意理解并求出每部分数值即可.

5.【答案】D

【解析】下午张老师咨询的总人数为 $\frac{9}{10\%}=90$,因此根据两个集合的公式,有

$$90＋45－9＝126(人).$$

敲黑板 该题有两个考点:(1)两个集合公式;(2)总量＝$\dfrac{部分量}{对应的比例}$.

题型二：三个集合问题

6.【答案】A

【解析】该题考查三个集合问题.竞赛结果无人得 0 分,则 $\overline{A}\cap\overline{B}\cap\overline{C}=0$.

根据题干分析得 $A＋B＋C＝(A＋B＋C＋A＋C)\div 2＝37(人)$.

根据公式 $A\cup B\cup C＝A＋B＋C－(A\cap B＋B\cap C＋A\cap C)＋A\cap B\cap C＝总人数－\overline{A}\cap\overline{B}\cap\overline{C}$

可知,
$$A\cup B\cup C=37-(15+3)+1=20(人).$$

敲黑板 本题题干描述复杂,但根据三个集合计算公式求解即可.

7.【答案】 B

【解析】该题考查三个集合问题. 设恰有双证的有 x 人,根据题意分析,已知 A,B,C 的数量,且条件出现"只有"字样. 根据公式 $A+B+C=$ 只有1个+2 只有2个+3 只有3个,可得 $130+110+90=140+2x+90$,则 $x=50$.

敲黑板 考生需熟记以下三个公式:

(1) $A\cup B\cup C=A+B+C-(A\cap B+A\cap C+B\cap C)+A\cap B\cap C=$ 全集 $-\overline{A}\cap\overline{B}\cap\overline{C}$;

(2) $A\cup B\cup C=$ 只有1个+只有2个+只有3个;

(3) $A+B+C=$ 只有1个+2 只有2个+3 只有3个.

8.【答案】 C

【解析】该题考查三个集合问题. 设没有复习过三门功课的学生有 x 人,根据公式
$$A\cup B\cup C=A+B+C-(A\cap B+A\cap C+B\cap C)+A\cap B\cap C=总人数-\overline{A}\cap\overline{B}\cap\overline{C},$$
可得 $20+30+6-(10+2+3)+0=50-x$,则 $x=9$.

敲黑板 三个集合的问题借助文氏图套用三个集合的运算公式,即
$$A\cup B\cup C=A+B+C-(A\cap B+A\cap C+B\cap C)+A\cap B\cap C=总人数-\overline{A}\cap\overline{B}\cap\overline{C}.$$

9.【答案】 C

【解析】该题考查三个集合问题. 设仅购买一种商品的顾客有 x 位.

只购买甲、乙商品的有 $8-2=6$(位),只购买甲、丙商品的有 $12-2=10$(位),只购买乙、丙商品的有 $6-2=4$(位),根据公式 $A\cup B\cup C=$ 只有1个+只有2个+只有3个,可得
$$96=x+(6+10+4)+2\Rightarrow x=74.$$

敲黑板 考生需明确 $A\cup B\cup C$ 公式,所求问题中出现"只有一种"字样,即可应用
$$A\cup B\cup C=只有1个+只有2个+只有3个.$$

10.【答案】 B

【解析】该题考查三个集合问题.

根据题意分析这三天出售数量至少问题,当第一天和第三天出售的商品相同的数量最多时,三天出售商品的数量最少,则根据公式可得

$$A \cup B \cup C = A + B + C - (A \cap B + A \cap C + B \cap C) + A \cap B \cap C$$
$$= 50 + 45 + 60 - (25 + 50 + 30) + 25 = 75.$$

敲黑板 考生需明确本题中 $A \cap B = 25, B \cap C = 30, A \cap C = 50, A \cap B \cap C = 25$, 然后再利用三个集合公式来解题.

专题八　不定方程问题

题型一：不定方程的解是整数的问题

1. **【答案】** C

   【解析】 该题考查不定方程问题. 设做对 x 道题, 做错 y 道题, 没做 z 道题, 根据题意列方程
   $$\begin{cases} x+y+z=20, \\ 8x-5y=13, \end{cases}$$
   根据奇偶性分析得 $8x$ 为偶数, 13 为奇数, 则 $5y$ 为奇数.
   特值法. 令 $y=7$, 于是 $x=6$, 则 $z=7$.

   敲黑板 本题为不定方程问题, 利用奇偶性, 根据特值法来解题.

2. **【答案】** C

   【解析】 该题考查不定方程问题. 设每个商品的重量为 x 千克, 拿出 m 个商品后可列方程
   $$x\left(\frac{210}{x}-m\right)=183,$$
   得 $mx=27$, 由 m 和 $x(x>1)$ 都是整数, 可知 C 选项符合题意.

   敲黑板 结合题目实际背景以及表达式特征, 利用整除来确定解.

3. **【答案】** A

   【解析】 该题考查不定方程问题. 根据总人数和总钱数来设未知数列方程, 设捐款 100 元的有 x 人, 500 元的有 y 人, 2 000 元的有 z 人. 根据题意列方程
   $$\begin{cases} x+y+z=100, \\ 100x+500y+2\,000z=19\,000, \end{cases}$$
   化简得 $4y+19z=90$, 根据奇偶性, $4y$ 为偶数, 90 为偶数, 则 $19z$ 为偶数, 从系数大的入手, 令 $z=2$, 解出 $y=13$.

> **敲黑板** 考生应当熟记奇数、偶数的性质,奇数+奇数=偶数,偶数+偶数=偶数,奇数+偶数=奇数.

4.【答案】A

【解析】该题考查不定方程问题.设两种管材分别有 x 根和 y 根.

条件(1),$3x+5y=37$,利用奇数、偶数的性质来解题 $\Rightarrow \begin{cases} x=4, \\ y=5 \end{cases}$ 或 $\begin{cases} x=9, \\ y=2 \end{cases}$,充分;

条件(2),$4x+6y=37$,两个偶数之和不能是奇数,不充分.

> **敲黑板** 该题需要利用奇数、偶数的性质来解题.

5.【答案】A

【解析】该题考查不定方程问题.设购买了甲设备 x 件,乙设备 y 件,则
$$1\,750x+950y=10\,000 \Rightarrow 35x+19y=200.$$
利用整除、倍数来解题,因为 $35x$ 为 5 的倍数,200 为 5 的倍数 $\Rightarrow y$ 为 5 的倍数,令 $y=5 \Rightarrow x=3$.

> **敲黑板** 该题利用整除、倍数来解题速度会更快.

6.【答案】E

【解析】两个条件单独均不充分.联合条件(1)和条件(2),则有
$$500x+500y+500z=3\,500 \Rightarrow x+y+z=7,$$
仅由一个方程不能确定 x,y,z 的具体值,故不充分.

> **敲黑板** 考生需注意"确定"代表唯一性,每人捐款金额有且只有一种.

7.【答案】A

【解析】该题考查不定方程问题.设果汁 x 瓶,牛奶 y 盒,咖啡 z 盒.

由条件(1)得 $12x+15y+35z=104$,根据奇偶性得 $12x$ 为偶数,$15y+35z$(只能以 0 或 5 结尾)也为偶数 $\Rightarrow x=2,y=3,z=1$,仅有一种情况,充分;

由条件(2)得 $12x+15y+35z=215$,根据奇偶性得 $12x$ 为偶数,$15y+35z$ 为奇数 $\Rightarrow x=5,y=1,z=4$ 或 $x=5,y=8,z=1$ 或 $x=10,y=4,z=1$,情况不唯一,不充分.

> **敲黑板** 该题考查不定方程问题.(1)利用奇数、偶数的性质;(2)掌握 $15y+35z$(y,z 为整数)只能是以 0 或 5 结尾.

题型二:不定方程的解落在区间范围的整数问题

8.【答案】C

【解析】该题考查不定方程问题.设有 x 人,购买瓶装水的数量为 y.

由条件(1)得 $3x+30=y$,不充分;

由条件(2)得 $(x-1)$ 人分 10 瓶水,剩余的 1 人分得 m 瓶水 $(m<10)$,则 $10(x-1)+m=y$,不充分;

将条件(1)和条件(2)联合,得

$$\begin{cases} 3x+30=y, \\ 10(x-1)+m=y(m<10) \end{cases} \Rightarrow 7x+m=40(m<10) \Rightarrow 30<7x<40 \Rightarrow x=5 \Rightarrow y=45,充分.$$

敲黑板 该题的难点在于若每人分 10 瓶,则只有 1 人不够,考生不能理解成每人 9 瓶有剩余,而是需要按照不等关系来建立联系,"1 人不够"代表的是一个范围,即剩余的 1 人分得的水的数量在 0~9 瓶.

9.【答案】C

【解析】该题考查不定方程问题.由题意知,可设供题教师人数为 n 且 $n \leq 12$.

条件(1),每位供题教师提供的试题数相同,假设为 x 道,化简题干得,试题数量为 $x \times n = 52$ (道),因此 x,n 均为 52 的约数,又因为 $n \leq 12$,所以可得 $n=2$ 或 $n=4$,不充分;

条件(2),也不充分;

条件(1)和条件(2)联合,当 $n=4$ 时,可以实现 5 种题型,题干成立,故充分.

敲黑板 考生需分析清楚,该题供题数量与供题题型对人数的影响,并且在确定不定方程的前提下,还利用了约数、倍数来解题.

10.【答案】E

【解析】该题考查不定方程问题.由题意分析,设人数为 y.

由条件(1)得有 1 车未满,设坐了 m 人 $(m<20)$,则 $20(n-1)+m=y$,三个未知数,无法确定人数,不充分;

由条件(2)得 $12n+10=y$,无法确定人数,不充分;

两条件单独都不充分,则条件(1)和条件(2)联合,有

$$\begin{cases} 20(n-1)+m=y, \\ 12n+10=y \end{cases} \Rightarrow 8n+m=30(m<20) \Rightarrow 10<8n<30 \Rightarrow \begin{cases} n=2,y=34, \\ n=3,y=46, \end{cases}$$

则人数也不能确定,故不充分.

敲黑板 题干的"确定"代表唯一性,该题容易错选 C.

专题九 线性规划问题

题型一：交点为整数点的问题

1.【答案】 A

【解析】 设甲、乙两厂每天处理垃圾需要的时间分别为 x 小时和 y 小时，则

$$\begin{cases} 55x+45y=700, \\ 550x+495y\leqslant 7\ 370 \end{cases} \Rightarrow \begin{cases} 55x+45y=700, \\ 50x+45y=670 \end{cases} \Rightarrow x=6.$$

> **敲黑板** 考生需明确两点，(1) 一定要把不等号变成等号；(2) 掌握 11 的倍数的特点.

2.【答案】 C

【解析】 设需要 x 名熟练工、y 名普通工，由于熟练工单独装箱需要 10 天，普通工单独装箱需要 15 天，为方便计算，取最小公倍数，故可设总工作量为 150，则有 $\begin{cases} x+y\leqslant 12, \\ 15x+10y=150 \end{cases} \Rightarrow 5x\geqslant 30 \Rightarrow x\geqslant 6$，因此需要 6 个熟练工、6 个普通工即可，最少报酬为 $1\ 200+720=1\ 920$(元).

> **敲黑板** 该题令不等号变为等号，解题速度会更快.

题型二：交点为非整数点的问题

3.【答案】 B

【解析】 该题考查线性规划最优解. 设室内车位为 x 个、室外车位为 y 个.

$\begin{cases} 0.5x+0.1y=15 \Rightarrow 5x+y=150 \text{(单位统一化成万)}, \\ 2x\leqslant y\leqslant 3x \end{cases} \Rightarrow 2x\leqslant 150-5x\leqslant 3x \Rightarrow 18.75\leqslant x\leqslant 21.43.$

又 x 是整数，所以 $x=19,20,21$.

于是有 $\begin{cases} x=19, \\ y=55, \end{cases} \begin{cases} x=20, \\ y=50, \end{cases} \begin{cases} x=21, \\ y=45, \end{cases}$ 所以 $(x+y)_{\max}=74.$

> **敲黑板** 考生需明确线性规划最优解问题，最值取得的点往往分布在边界上.

4.【答案】 B

【解析】 此临界点为非整数点，根据题干设未知数. 设甲种货车 x 辆、乙种货车 y 辆，最少运费为 z 元，由题意可得 $\begin{cases} 40x+20y\geqslant 180, \\ 10x+20y\geqslant 110, \end{cases}$

需支付的报酬 $z=400x+360y$,

取临界情况 $\begin{cases}40x+20y=180,\\10x+20y=110,\end{cases}$ 化简得 $\begin{cases}2x+y=9,\\x+2y=11,\end{cases}$ 解得 $x=\dfrac{7}{3},y=\dfrac{13}{3}.$

分析得 $\begin{cases}x=2,\\y=5,\end{cases}$ 或 $\begin{cases}x=3,\\y=4,\end{cases}$ 由于甲种货车更贵、乙种货车更便宜,因此选用前一种情况.故

$$z=400\times2+360\times5=2\,600.$$

敲黑板 考生需明确边界点不是整数,一定要掌握如何取整问题.

5.【答案】A

【解析】由题意得 $\begin{cases}x+y=40,\\u+v=40,\\x+u=30,\\y+v=50,\end{cases}$

总运费 $M=10x+15y+15u+10v=10x+15(40-x)+15(30-x)+10(x+10)=-10x+1\,150$ $(0\leqslant x\leqslant30)$,要使 M 最小,则 x 最大.

敲黑板 要使得运费最少,结合运费比较性价比,由题干分析可知甲到 A 地和乙到 B 地性价比比较高,所以选择 x 和 v 的数值尽可能大些.

6.【答案】A

【解析】化简题干,设 A,B 两种型号的车分别为 x 辆、y 辆,设租金为 z 元.

题干中已知 $36x+60y\geqslant900$,租金 $z=1\,600x+2\,400y$.

由条件(1)得 $\begin{cases}36x+60y\geqslant900,\\x\geqslant y\end{cases}\Rightarrow\begin{cases}3x+5y\geqslant75,\\x\geqslant y\end{cases}\Rightarrow\begin{cases}3x+5y=75,\\y=x,\end{cases}$ 交点 $(9.375,9.375).$

因为车辆为整数,取整 $\begin{cases}x=10,\\y=9,\end{cases}$ 此时 $z_{最小}=1\,600\times10+2\,400\times9=37\,600$,充分;

由条件(2)得 $\begin{cases}36x+90y\geqslant900,\\x+y\leqslant20\end{cases}\Rightarrow\begin{cases}3x+5y\geqslant75,\\x+y\leqslant20,\end{cases}$ 在交点 $(0,15)$ 时运费最少,此时 $z_{最小}=1\,600\times0+2\,400\times15=36\,000$,不充分.

敲黑板 考生要根据实际问题建立目标函数和线性约束条件,并求目标函数的最小值.

专题十 至多、至少问题

题型一：总体固定的情况下，求个体的至多、至少问题

1.【答案】 D

【解析】"(一)班至少有1名学生不及格"，属于求个体至少问题，方法转化为其他7个班级不及格人数最多.

条件(1)，(二)班的不及格人数多于(三)班，即令(二)班不及格人数最多，为3名，则(三)班不及格人数最多为2名，(四)、(五)、(六)、(七)、(八)班均为3名，设(一)班 x 名，则 $x+3+2+3+3+3+3+3=21 \Rightarrow x=1$，故充分；

条件(2)，(四)班不及格的学生有2名，同理其他班级不及格人数最多均为3名，设(一)班 x 名，则 $x+2+3+3+3+3+3=21 \Rightarrow x=1$，故充分.

> **敲黑板** 考生遇到考查部分量至少(至多)问题，一般转化为其他部分最多(最少)来分析.

2.【答案】 D

【解析】设三种水果的价格分别为 x 元/千克、y 元/千克、z 元/千克，则 $x+y+z=30$.
由条件(1)可知价格最低的为6元/千克，令 $x=6 \Rightarrow y+z=24$，要保证最大值为18，令 y 也为最小，即 $y=6 \Rightarrow z=18$，充分；
条件(2)，有 $x+y+z=30$，$x+y+2z=46$，两式相减可得 $z=16$，于是 $x+y=14$，显然每种水果均不超过18元/千克，条件(2)充分.

> **敲黑板** 在总数固定的情况下，求某个对象的最大量，可以转化为其他量均为最小.

3.【答案】 C

【解析】该题考查在损失总分固定的情况下，求个体至多问题，满分是3 000分，全班平均分是2 700分，损失300分，要使不及格的同学尽可能多，则让每个不及格的同学失去的分数尽可能少，当分数为59分时，损失的分数41分最少，设低于60分的同学至多有 x 人，则
$$x \times (100-59)=300 \Rightarrow x \approx 7.$$

> **敲黑板** 考生遇到考查部分量至少(至多)问题，一般转化为其他部分最多(最少)来分析.

4.【答案】 E

【解析】由条件(1)得 $a+b+c=3m$，无法确定最大值，不充分；
由条件(2)，令 a 为最小的，无法确定最大值，不充分；
两个条件单独都不充分. 条件(1)和条件(2)联合，有 $\begin{cases} a+b+c=3m, \\ 令 a 为最小 \end{cases} \Rightarrow b+c=$ 定值，由于 b 不能确

57

定大小,则 c 的最大值无法确定,不充分.

> **敲黑板** 该题容易错选C,在总数确定的情况下,a 为最小值,由于 b 不能确定,则最大值不能确定.

题型二：求整体的至多、至少问题

5.【答案】 B

【解析】 根据题意设得一等奖、二等奖、三等奖的人数分别为 x,y,z,则 $1.5x+y+0.5z=100$,所求问题为三种奖项人数相加 $x+y+z$,属于求整体的至少问题,即将已知条件变形为 $1.5x+y+0.5z=(x+y+z)+0.5(x-z)=100$,则 $x+y+z=100+0.5(z-x)$,只需判断 z 与 x 的大小即可.

由条件(1)得二等奖的人数最多,无法确定 z 与 x 的大小,不充分;

由条件(2)得三等奖的人数最多,$z-x>0 \Rightarrow x+y+z=100+0.5(z-x)>100$,由条件(2)可以推出题干成立,故充分.

> **敲黑板** 在总数固定的情况下,求整体的至多、至少问题,方法是利用已知条件变形出所求问题.

专题十一 分段计费问题

题型一：文字型分段计费问题

1.【答案】 E

【解析】 该题考查有关水费的分段计费问题.设李家用水 x 吨,超出费用为 u 元/吨,可得 $0.5xu=90-55=35$,再由 $(x-5)u=55-20$,得到 $u=7$.

> **敲黑板** 本题分段部分计算时,分为两部分,包括超出部分与未超出部分,首先需要对已给水费进行预判是否超出,再进行运算.

2.【答案】 E

【解析】 该题考查有关商品折扣的分段计费问题.一种是甲没有优惠,直接付款 94.5 元,另一种是甲 9 折优惠,付款 $\frac{94.5}{0.9}=105$(元);乙按照 9 折部分付款 $200\times0.9=180$(元),剩下的按照 8.5 折付款 $\frac{197-180}{0.85}=20$(元),故乙付了 220 元,从而两人总共付 314.5 元或 325 元,选 E.

> 敲黑板 本题在计算甲的数值时,要注意有两种情况,此题为陷阱题.

3.【答案】B

【解析】文字型分段计费问题转化为图表型会更直观,如下表所示.

0～20 GB	免费
20～30 GB	1元/GB
30～40 GB	3元/GB
大于40 GB	5元/GB

$$45=20+10+10+5,$$

费用$=20\times0+1\times10+3\times10+5\times5=65(元).$

> 敲黑板 以文字形式出现的计费问题,方法是将文字型转化为图表型,再继续按照图表型来解决问题.

题型二:图表型分段计费问题

4.【答案】B

【解析】设此人在新方案下应纳税的部分为 x 元,则

$$1\,500\times3\%+(x-1\,500)\times10\%=345\Rightarrow x=4\,500,$$

故此人的薪资为 8 000 元.

在旧方案下应纳税的部分为 $8\,000-2\,000=6\,000(元)$,于是旧方案下需要纳税为

$$500\times5\%+1\,500\times10\%+3\,000\times15\%+1\,000\times20\%=825(元),$$

每月缴纳的个人工资薪金所得税比原方案减少 $825-345=480(元).$

> 敲黑板 首先根据表格求出每一段的边界值,进而求解工资,然后再代入新的计费标准中计算.

专题十二 植树问题

题型:直线型和圆圈型(封闭型)相结合的植树问题

1.【答案】D

【解析】由题意分析得,此题是直线型与封闭型结合的植树问题,正方形四周都种树,确定为封闭型,恰好种满正方形三条边为直线型,设这批树苗有 x 棵,每个边长为 l 米,则

$$\begin{cases} \dfrac{4l}{3}+10=x, \\ \dfrac{3l}{2}+1=x \end{cases} \Rightarrow x=82, l=54.$$

敲黑板 考生应当熟记两种植树问题公式.(1)直线型:长度为 l 米,间距为 m 米,首和尾不重合,棵数 $=\dfrac{l}{m}+1$;(2)圆圈型:长度为 l 米,间距为 m 米,首尾出现重合,棵数 $=\dfrac{l}{m}$.

专题十三 年龄问题

题型：求年龄

1.【答案】 C

【解析】 此题是与完全平方数相结合的年龄问题,注意该问题"确定"二字是代表唯一性的含义.

条件(1),设小明的年龄为 $m=k^2$,不充分;

条件(2),20 年后年龄为 $m+20=n^2$,不充分;

将条件(1)和条件(2)联合,$\begin{cases} m=k^2, \\ m+20=n^2 \end{cases} \Rightarrow (n+k)(n-k)=20.$

于是有 $\begin{cases} n+k=10, \\ n-k=2 \end{cases} \Rightarrow \begin{cases} n=6, \\ k=4, \end{cases}$ 故年龄为 16,充分.

敲黑板 考生需注意年龄问题一般与比例问题和完全平方数相结合.

专题十四 求最值问题

题型一：利用均值定理求最值

1.【答案】 A

【解析】 该题考查均值不等式求最值.由题意可知,原材料 A,B,C 的采购量分别为 x 吨、y 吨、z 吨,得到 $3x+2y+4z=54$,再依据平均值定理可知产量最大为

$$Q=0.05xyz=0.05\div 3\div 2\div 4\cdot(3x)(2y)(4z) \leqslant 0.05\div 3\div 2\div 4\cdot\left(\dfrac{3x+2y+4z}{3}\right)^3=\dfrac{243}{20},$$

当且仅当 $3x=2y=4z$ 时等号成立,即 $x=6, y=9, z=4.5$.

敲黑板 本题利用均值不等式"和为定值,积有最大值"来判断.本题关键点在于对已知和为定值的构造.

2.【答案】C

【解析】平均成本最小为 $\dfrac{C}{x} = \dfrac{25\,000}{x} + 200 + \dfrac{x}{40} \geqslant 2\sqrt{\dfrac{25\,000}{x} \times \dfrac{x}{40}} + 200 = 250$,当且仅当 $\dfrac{25\,000}{x} = \dfrac{x}{40}$ 时等号成立,即 $x = 1\,000$.

敲黑板 本题利用均值不等式"积为定值,和有最小值"来判断,本题出现了明显的倒数结构.

3.【答案】B

【解析】设每 x 天购买一次原料,平均每天支付的总费用为 y 元.由题意可知

$$y = \dfrac{900 + 6 \times 1\,800 x + 3 \times 6 \times [(x-1)+\cdots+2+1]}{x}$$

$$= \dfrac{900 + 6 \times 1\,800 x + 3 \times 6 \times \dfrac{x(x-1)}{2}}{x}$$

$$= 6 \times 1\,800 + \dfrac{900}{x} + 9x - 9 \geqslant 6 \times 1\,800 + 2\sqrt{\dfrac{900}{x} \times 9x} - 9 = 10\,971,$$

当且仅当 $\dfrac{900}{x} = 9x$ 时等号成立,即 $x^2 = 100, x = 10$ 时有最小值.

敲黑板 本题中原料每天都要付保管费,由于材料越用越少,因此保管费越来越少,构成递减的等差数列.

题型二:利用二次函数求最值

4.【答案】E

【解析】设 x 件产品的利润为 y 元,则

$$y = 500x - C = 500x - \left(25\,000 + 200x + \dfrac{x^2}{40}\right) = -\dfrac{x^2}{40} + 300x - 25\,000,$$

故 y 是关于 x 的二次函数且为开口向下的抛物线.

于是当对称轴 $x = -\dfrac{b}{2a} = -\dfrac{300}{2} \times (-40) = 6\,000$ 时取得最大值.

敲黑板 该题考查利润=总售价-总成本,转化为二次函数,当产量为对称轴时有最值.

5.【答案】D

【解析】由题设可知,本题核心在于求两点距离最小值,设警察到达最佳射击位置所需的时间为 t 分钟,罪犯与警察相距 S 千米,根据勾股定理得

$$S^2=(2-2t)^2+(t+0.5)^2=5t^2-7t+4.25,$$

当 $t=\dfrac{7}{10}$ 时,距离最短.

> **敲黑板** 本题需借助勾股定理写出关系式,再利用二次函数求最值.

6.【答案】B

【解析】求总利润的最大值问题,总利润＝单件利润×数量.设商品定价增加 x 个 1 元,利润为 y 元,此时商品的销售量为 $500-10x$ 件,根据题意得

$$y=(100+x-90)(500-10x)=(10+x)(500-10x)=10(50-x)(10+x),$$

当 $x=\dfrac{-10+50}{2}=20$ 时,总利润 y 最大,故定价应为 $100+20=120$(元).

> **敲黑板** 根据题意列出二次函数表达式 $y=ax^2+bx+c$,转化为 $y=a(x-x_1)(x-x_2)$,当对称轴 $x=\dfrac{x_1+x_2}{2}$ 时有最值.

7.【答案】B

【解析】求总利润的最大值问题,总利润＝单件利润×数量.设商品定价降低 x 个 50 元,此时商品的销售量为 $8+4x$ 台,利润为 y 元,根据题意得

$$y=(2\,400-50x-2\,000)(8+4x)=200(8-x)(2+x),$$

当 $x=\dfrac{-2+8}{2}=3$ 时,y 有最大值,故定价应为 $2\,400-150=2\,250$(元).

> **敲黑板** 根据题意列出二次函数表达式 $y=ax^2+bx+c$,转化为 $y=a(x-x_1)(x-x_2)$,当对称轴 $x=\dfrac{x_1+x_2}{2}$ 时有最值.

第二部分 代 数

第三章 整式、分式与函数

专题一 基本公式的应用

题型一：完全平方和与完全平方差基本公式的应用

1. 【答案】C

   【解析】该题考查完全平方差公式与非负性的应用. 由
   $$x^2-4xy+4y^2+\sqrt{3}\,x+\sqrt{3}\,y-6=0,$$
   得到 $(x-2y)^2+\sqrt{3}\,(x+y)=6 \Rightarrow x+y=\dfrac{6-(x-2y)^2}{\sqrt{3}}$,

   所以 $x+y \leqslant \dfrac{6}{\sqrt{3}}=2\sqrt{3}$.

   > **敲黑板** 通过对表达式配方，从而利用非负性求值. 常见的非负整式：
   > ① $|a|$；② $a^2, a^4, \cdots, a^{2n}$；③ $\sqrt{a}, \sqrt[4]{a}, \cdots, \sqrt[2n]{a}$；④ a^2-ab+b^2；⑤ a^2+ab+b^2.

2. 【答案】B

   【解析】该题思路是将三个表达式相加，利用完全平方公式和非负性来解题.
   $$x+y+z=a^2+b^2+c^2-ab-bc-ac=\dfrac{1}{2}[(a-b)^2+(b-c)^2+(a-c)^2] > 0,$$
   则 x,y,z 至少有一个大于零.

   > **敲黑板** 几个数之和大于零，则至少有一个大于零；几个数之和小于零，则至少有一个小于零.

3. 【答案】C

   【解析】该题考查利用完全平方公式求最值问题.

   条件(1)，若 $a=10, b=\dfrac{1}{200}$，则 $ab=\dfrac{1}{20} \leqslant \dfrac{1}{16}$，但 $a+b > \dfrac{5}{4}$，不充分；

   条件(2)，若 $a=b=\dfrac{\sqrt{2}}{2}$，则 $a+b=\sqrt{2} > \dfrac{5}{4}$，不充分.

考虑联合:因为 a,b 非负,$(a+b)^2=a^2+b^2+2ab \leq 1+2\times\frac{1}{16}=\frac{9}{8}$,故

$$a+b \leq \frac{\sqrt{18}}{4} \leq \frac{5}{4},$$

所以联合充分.

4.【答案】 E

【解析】该题考查完全平方和公式的变形,$x^2+\frac{1}{x^2}=\left(x+\frac{1}{x}\right)^2-2=7$,分子、分母同除 x^2 得

$$\frac{x^2}{x^4+x^2+1}=\frac{1}{x^2+\frac{1}{x^2}+1}=\frac{1}{8}.$$

5.【答案】 B

【解析】该题考查完全平方公式展开再变形.

原式 $=2(a^2+b^2+c^2)-2(ab+bc+ac)=18-[(a+b+c)^2-(a^2+b^2+c^2)]$
$=27-(a+b+c)^2,$

之后利用非负性求解最值.

> **敲黑板** 本题的关键在于三个数字的完全平方公式:$(a+b+c)^2=a^2+b^2+c^2+2ab+2bc+2ac$ 的变形使用.

6.【答案】 A

【解析】该题考查完全平方公式的应用.由 $x+2y=3 \Rightarrow x=3-2y$,代入表达式整理得

$$(3-2y)^2+y^2+2y=5y^2-10y+9=5(y-1)^2+4,$$

当 $y=1$ 时,有最小值 4.

题型二:平方差公式的应用

7.【答案】 D

【解析】该题考查平方差公式、等差数列求和计算及指数公式的运算.

$$\frac{(1+3)\times(1+3^2)\times(1+3^4)\times(1+3^8)\times\cdots\times(1+3^{32})+\frac{1}{2}}{3\times3^2\times3^3\times\cdots\times3^{10}}$$

$$=\frac{(1-3)\times[(1+3)\times(1+3^2)\times(1+3^4)\times(1+3^8)\times\cdots\times(1+3^{32})+\frac{1}{2}]}{(1-3)\times3\times3^2\times3^3\times\cdots\times3^{10}}$$

$$=\frac{(1-3^2)\times(1+3^2)\times(1+3^4)\times(1+3^8)\times\cdots\times(1+3^{32})+\frac{1-3}{2}}{(1-3)\times3\times3^2\times3^3\times\cdots\times3^{10}}$$

$$=\frac{1-3^{64}-1}{-2\times3^{55}}=\frac{1}{2}\times3^9.$$

> **敲黑板** 该类型题需要先寻找平方差算式规律
> $$(a+b)(a^2+b^2)(a^4+b^4)(a^8+b^8)\cdots(a^{2^{n-1}}+b^{2^{n-1}}).$$
> 方法:分子、分母同乘$(a-b)$,即
> $$\frac{(a-b)(a+b)(a^2+b^2)(a^4+b^4)(a^8+b^8)\cdots(a^{2^{n-1}}+b^{2^{n-1}})}{a-b}.$$

8.【答案】D

【解析】该题考查平方差公式. 条件(1),
$$f(x,y)=(x+y)(x-y)-(x-y)+1=(x-y)(x+y-1)+1=1.$$
条件(2),$f(x,y)=(x+y)(x-y)-(x-y)+1=(x-y)(x+y-1)+1=1.$

题型三:立方和、立方差公式的应用

9.【答案】C

【解析】原式$=\dfrac{x+y}{(x+y)(x^2-xy+y^2)+(x+y)}=\dfrac{1}{x^2+y^2-xy+1}=\dfrac{1}{6}.$

10.【答案】A

【解析】该题考查多项式展开式求系数问题. 由题干 $x(1-kx)^3=a_1x+a_2x^2+a_3x^3+a_4x^4$ 对所有实数 x 都成立,当 $x=1$ 时,$a_1+a_2+a_3+a_4=(1-k)^3.$
$$x(1-kx)^3=x-3kx^2+3k^2x^3-k^3x^4=a_1x+a_2x^2+a_3x^3+a_4x^4,$$
待定系数法,对应项系数相等:

条件(1),$a_2=-9 \Rightarrow k=3$,则 $a_1+a_2+a_3+a_4=(1-3)^3=-8$,充分;

条件(2),$a_3=27 \Rightarrow k=\pm 3$,当 $k=-3$ 时,$a_1+a_2+a_3+a_4=(1+3)^3=64$,不充分.

> **敲黑板** 该题考查两点:一是完全立方差公式$(a-b)^3=a^3-3a^2b+3b^2a-b^3$;二是待定系数法,即多项式相等时一定有对应项系数相等.

11.【答案】A

【解析】该题考查基本公式,化简题干 $x^3+\dfrac{1}{x^3}=\left(x+\dfrac{1}{x}\right)^3-3\left(x+\dfrac{1}{x}\right).$

条件(1),$x^3+\dfrac{1}{x^3}=\left(x+\dfrac{1}{x}\right)^3-3\left(x+\dfrac{1}{x}\right)=3^3-3\times 3=18$,充分.

条件(2),$x^2+\dfrac{1}{x^2}=7 \Rightarrow x+\dfrac{1}{x}=3$ 或 $x+\dfrac{1}{x}=-3$,经计算可知,不充分.

12.【答案】B

【解析】该题考查立方和公式与二次函数相结合求最值问题.

条件(1),由于 x,y 的正负不确定,故 x^3+y^3 不能确定最小值.

条件(2),根据立方和公式 $x^3+y^3=(x+y)^3-3xy(x+y)=8-6x(2-x)=6x^2-12x+8$. 根据二次函数的性质,开口向上有最小值.

13. 【答案】E

【解析】该题考查绝对值脱去法则与立方差公式的应用,设 $a>b$,则
$$a-b=2, a^3-b^3=(a-b)(a^2+ab+b^2)=26 \Rightarrow a^2+ab+b^2=13.$$
又因为 $(a-b)^2=4$,所以 $ab=3$,则 $a^2+b^2=10$.

> 敲黑板 令 $a=3, b=1$,则 $a^2+b^2=10$.

14. 【答案】C

【解析】该题考查立方差公式.

原式化简得 $\left(x+\dfrac{1}{x}\right)^2-3\left(x+\dfrac{1}{x}\right)=0 \Rightarrow x+\dfrac{1}{x}=0(舍)$ 或 $x+\dfrac{1}{x}=3$,则
$$x^3+\dfrac{1}{x^3}=\left(x+\dfrac{1}{x}\right)^3-3\left(x+\dfrac{1}{x}\right)=18.$$

> 敲黑板 考生需明确 $x+\dfrac{1}{x}$ 的范围 $\begin{cases} x+\dfrac{1}{x}最小值为2(x>0), \\ x+\dfrac{1}{x}最大值为-2(x<0). \end{cases}$

专题二　整式的因式与因式分解

题型一：因式定理问题

1. 【答案】E

【解析】该题考查因式定理.

由已知 $f(x)=x^3+a^2x^2+x-3a$ 能被 $x-1$ 整除,则 $f(x)$ 含有 $x-1$ 因式.
设 $f(x)=x^3+a^2x^2+x-3a=(x-1)g(x)$. 令 $x-1=0$,则
$$f(1)=a^2-3a+2=0 \Rightarrow a=1 \text{ 或 } a=2.$$

> 敲黑板 该题的核心:令因式为 0 时,整个表达式也为 0.

2. 【答案】E

【解析】该题考查因式定理,化简题干有 $x^2+x-6=(x+3)(x-2)$. 令
$$f(x)=2x^4+x^3-ax^2+bx+a+b-1=(x+3)(x-2)g(x),$$
根据因式定理 $\begin{cases} x+3=0 \Rightarrow f(-3)=0, \\ x-2=0 \Rightarrow f(2)=0 \end{cases} \Rightarrow \begin{cases} a=16, \\ b=3. \end{cases}$

条件(1)和条件(2)联合不充分.

> **敲黑板** 本题若不经过计算,有同学容易直接选择 C,因此要注意,考试中应经过简单计算再寻找答案.

3. 【答案】B

   【解析】该题考查因式定理. 设第三个因式为 $mx+n$,则
   $$f(x)=x^3+ax^2+bx-6=(x-1)(x-2)(mx+n).$$
   根据两个多项式相等的条件,最高次项系数和常数项分别对应相等 $\begin{cases} m=1, \\ 2n=-6 \end{cases} \Rightarrow n=-3.$

> **敲黑板** 可采取特值法,令 $x=0$,验证答案和原式的数值.

4. 【答案】B

   【解析】该题考查整除,根据因式定理:$\begin{cases} f(2)=8a-4b+40=0 \\ f(3)=27a-9b+63=0 \end{cases} \Rightarrow \begin{cases} a=3, \\ b=16. \end{cases}$

> **敲黑板** 令 $x=2$,得到 $2a-b=-10$,只有条件(2)符合.

5. 【答案】D

   【解析】该题考查因式整除问题,转化为因式定理来解题,由 $x^2-3x+2=(x-1)(x-2)$,构造
   $$f(x)=x^3+x^2+ax+b=(x-1)(x-2)(mx+n),$$
   则 $\begin{cases} x-1=0 \Rightarrow f(1)=1+1+a+b=0, \\ x-2=0 \Rightarrow f(2)=8+4+2a+b=0 \end{cases} \Rightarrow \begin{cases} a=-10, \\ b=8. \end{cases}$

题型二:因式分解问题

6. 【答案】D

   【解析】该题考查因式分解.

   将条件(1)代入题干有
   $$x^2+7xy+6y^2-10y-4=0$$

1	1	-2
1	6	2

   因式分解得 $(x+y-2)(x+6y+2)=0 \Rightarrow x+y-2=0$ 或 $x+6y+2=0$,故表示两条直线.

   同理,将条件(2)代入题干有
   $$x^2-7xy+6y^2-10y-4=0$$

1	-1	2
1	-6	-2

因式分解得$(x-y+2)(x-6y-2)=0 \Rightarrow x-y+2=0$ 或 $x-6y-2=0$,故表示两条直线.

7.【答案】 D

【解析】 条件(1),$\frac{1}{m}+\frac{3}{n}=1 \Rightarrow n-mn+3m-3=-3$,因式分解得$(n-3)(1-m)=-3$,$m,n$ 为正整数,$m \neq 1$,所以 $1-m<0$,则

$$\begin{cases} 1-m=-1, \\ n-3=3 \end{cases} \Rightarrow \begin{cases} m=2, \\ n=6 \end{cases} \text{ 或 } \begin{cases} 1-m=-3, \\ n-3=1 \end{cases} \Rightarrow \begin{cases} m=4, \\ n=4. \end{cases}$$

同理,由条件(2)可得 $\begin{cases} m=2, \\ n=4 \end{cases}$ 或 $\begin{cases} m=3, \\ n=3. \end{cases}$

题型三：表达式化简求值

8.【答案】 B

【解析】 该题考查多项式乘法问题,采用待定系数法.根据题干分析得到 x 和 x^3 的系数应为 0,

$(ax^2+bx+1)(3x^2-4x+5) \Rightarrow \begin{cases} x \text{ 系数 } 5b-4=0 \Rightarrow b=\frac{4}{5}, \\ x^3 \text{ 系数 } -4a+3b=0 \Rightarrow a=\frac{3}{5}. \end{cases}$

> **敲黑板** 在多项式乘法中,无须将多项式相乘的结果完全写出,求具体项系数时,只需根据乘法的特点将相应的某几项系数算出研究即可.

9.【答案】 B

【解析】 条件(1),$7a-11b=0$,令 $7a=11b=77 \Rightarrow a=11, b=7$,则 $\frac{11x+7}{7x+11}$ 不是定值,因此不充分.条件(2),$11a-7b=0$,令 $11a=7b=77 \Rightarrow a=7, b=11$,则 $\frac{7x+7}{11x+11}=\frac{7}{11}$ 为定值,充分.

> **敲黑板** 该题可以通过找最小公倍数特值法来解题.

10.【答案】 D

【解析】 条件(1),根据非负性,可得 $a^2=2, b^2=1$,代入题干可得 $\frac{a^2-b^2}{19a^2+96b^2}=\frac{2-1}{19 \times 2+96 \times 1}=\frac{1}{134}$,条件(1)充分;

条件(2),$a^4-a^2b^2-2b^4=0$,可得 $(a^2-2b^2)(a^2+b^2)=0$,即 $a^2=2b^2$,或者 $a^2=-b^2$(舍),若 $a^2=2b^2$,则 $\frac{a^2-b^2}{19a^2+96b^2}=\frac{1}{134}$,条件(2)也充分.

11.【答案】 A

【解析】 条件(1),a 为方程的根,因此 $a^2-3a+1=0 \Rightarrow a^2=3a-1, a^2+1=3a$,原式可化为

$$2a^2-5a-2+\frac{3}{a^2+1}=2(3a-1)-5a-2+\frac{3}{3a}=a+\frac{1}{a}-4=\frac{a^2+1}{a}-4=3-4=-1,$$

条件(1)充分;

条件(2),$|a|=1$,因此 $a^2=1$,从而 $2a^2-5a-2+\frac{3}{a^2+1}=2-5a-2+\frac{3}{2}=\frac{3}{2}-5a\neq-1$,条件(2)不充分.

12.【答案】E

【解析】该题考查裂项相消法,$f(x)=\frac{1}{(x+1)(x+2)}+\frac{1}{(x+2)(x+3)}+\cdots+\frac{1}{(x+9)(x+10)}=$

$\frac{1}{x+1}-\frac{1}{x+2}+\frac{1}{x+2}-\frac{1}{x+3}+\cdots+\frac{1}{x+9}-\frac{1}{x+10}=\frac{1}{x+1}-\frac{1}{x+10}$,可得 $f(8)=\frac{1}{9}-\frac{1}{18}=\frac{1}{18}$.

> **敲黑板** 考生需熟记裂项相消法,形如 $a_n=\frac{1}{n(n+k)}=\frac{1}{k}\left(\frac{1}{n}-\frac{1}{n+k}\right)$.

13.【答案】C

【解析】条件(1)和条件(2)显然单独都不充分,考虑联合.令 $\begin{cases}3x=2y=6,\\2y=z=6\end{cases}\Rightarrow\begin{cases}x=2,\\y=3,\\z=6\end{cases}$,则

$$\frac{2\times2+3\times3-4\times6}{-2+3-2\times6}=1.$$

> **敲黑板** 条件(1)和条件(2)联合,涉及多个未知数时,可用特值法来解题.

14.【答案】B

【解析】条件(1),由 $p+q=1$ 得 $q=1-p$,从而 $\frac{p}{q(p-1)}=\frac{p}{-(p-1)^2}$,不能确定其值,条件(1)不充分;

条件(2),因为 $\frac{1}{p}+\frac{1}{q}=1$,则 $p+q=pq$,从而 $\frac{p}{q(p-1)}=\frac{p}{pq-q}=\frac{p}{(p+q)-q}=1$,可以确定其值,条件(2)充分.

专题三 函 数

题型：二次函数

1.【答案】A

【解析】已知抛物线以 y 轴为对称轴,且过点 $\left(-1,\frac{1}{2}\right)$ 及原点,可得到抛物线方程为 $y=\frac{1}{2}x^2$,又

直线 l 过点 $\left(1,\dfrac{5}{2}\right)$ 和点 $\left(0,\dfrac{3}{2}\right)$, 可得直线方程为 $y=x+\dfrac{3}{2}$, 则直线与抛物线的交点为

$\begin{cases}y=x+\dfrac{3}{2}\\ y=\dfrac{1}{2}x^2\end{cases}\Rightarrow\left(3,\dfrac{9}{2}\right)$ 和 $\left(-1,\dfrac{1}{2}\right)$, 两点之间的距离 $d=\sqrt{(3+1)^2+\left(\dfrac{9}{2}-\dfrac{1}{2}\right)^2}=4\sqrt{2}$.

> **敲黑板** 注意二次函数的几何性质. 会利用两点之间的距离公式求弦长.

2.【答案】E

【解析】 已知 $x(1-x)=-x^2+x$, 当 $x=\dfrac{1}{2}$ 时取得最大值 $\dfrac{1}{4}$, 故选 E.

3.【答案】C

【解析】 条件(1)显然不充分, 条件(2), $a=2$ 或者 $a=-3$, 把 $a=-3$ 代入, 得 $y=x^2-x-6$, 一元二次方程 $x^2-x-6=0$ 有两个不相等的实数根, 于是 $y=x^2-x-6$ 与 x 轴有两个不同的交点, 不充分. 将条件(1)和条件(2)联合, 有 $a=2$, 此时 $y=x^2+4x+4\Rightarrow\Delta=4^2-4\times4=0$, 抛物线与 x 轴相切, 充分.

> **敲黑板** 考生需熟记: 若 $y=ax^2+bx+c$ 与 x 轴相切, 则 $\Delta=b^2-4ac=0$.

4.【答案】A

【解析】 该题考查二次函数求切线问题. 条件(1), $y=x+b$ 与 $y=x^2+a$ 有且仅有一个交点, 这条直线斜率为1, 因此它是抛物线的切线, 故充分. 条件(2), $x^2-x\geqslant b-a(x\in\mathbf{R})\Rightarrow x^2+a\geqslant x+b$, 即抛物线位于直线上方, 如图所示, 并不表示这条直线就是抛物线的切线, 故不充分.

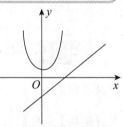

> **敲黑板** 要懂得切线的判别方法, 更要懂得切线的几何意义.

5.【答案】C

【解析】 该题考查二次函数系数问题.

条件(1), 设两个交点为 $(x_1,0),(x_2,0)$, 则两个交点之间的距离为 $|x_1-x_2|=\dfrac{\sqrt{b^2-4a}}{|a|}=2\sqrt{3}$, 不充分;

由条件(2)得到: $-\dfrac{b}{2a}=-2\Rightarrow b=4a$, 不充分.

将条件(1)和条件(2)联合, $\begin{cases}\dfrac{\sqrt{b^2-4a}}{|a|}=2\sqrt{3},\\ -\dfrac{b}{2a}=-2\end{cases}\Rightarrow\begin{cases}a=1,\\ b=4,\end{cases}$ 充分.

6.【答案】 A

【解析】 根据对称轴公式,知抛物线 $y=x^2+bx+c$ 的对称轴为 $x=-\dfrac{b}{2}$,即 $-\dfrac{b}{2}=1$,故 $b=-2$,又因为点 $(-1,1)$ 在抛物线上,有 $1-b+c=1$,即 $c=-2$.

> **敲黑板** 注意二次函数的几何性质.

7.【答案】 C

【解析】 条件(1), $\begin{cases}c=0,\\ a+b+c=1,\end{cases} \Rightarrow \begin{cases}c=0,\\ a+b=1,\end{cases}$ 不充分;

条件(2), $\dfrac{4ac-b^2}{4a}=a+b$,不充分.

两条件联合 $\begin{cases}c=0,\\ a+b=1,\\ \dfrac{4ac-b^2}{4a}=a+b,\end{cases} \Rightarrow \begin{cases}a=-1,\\ b=2,\\ c=0,\end{cases}$ 充分.

8.【答案】 A

【解析】 $y=x^2+2ax+b$ 与 x 轴相交于 A,B 两点,设两点坐标为 $(x_1,0)$ 和 $(x_2,0)$,则由已知有
$S_{\triangle ABC}=\dfrac{1}{2}\times 2\times|AB|=6 \Rightarrow |AB|=|x_1-x_2|=6 \Rightarrow \sqrt{(2a)^2-4b}=6 \Rightarrow a^2-b=9$.

9.【答案】 D

【解析】 设抛物线 $f(x)=x^2+ax+b$ 与 x 轴的两个交点横坐标分别为 x_1 和 x_2,则化简题干 $f(x)=(x-x_1)(x-x_2)$,那么 $f(1)=(1-x_1)(1-x_2)$.

条件(1), $f(x)$ 在区间 $[0,1]$ 中有两个零点,可得 $0\leqslant x_1\leqslant 1, 0\leqslant x_2\leqslant 1$,从而 $0\leqslant 1-x_1\leqslant 1$, $0\leqslant 1-x_2\leqslant 1$,相乘有 $0\leqslant f(1)=(1-x_1)(1-x_2)\leqslant 1$,充分;

同理,条件(2), $f(x)$ 在区间 $[1,2]$ 中有两个零点,可得 $1\leqslant x_1\leqslant 2, 1\leqslant x_2\leqslant 2$,从而 $-1\leqslant 1-x_1\leqslant 0$, $-1\leqslant 1-x_2\leqslant 0$,相乘有 $0\leqslant f(1)=(1-x_1)(1-x_2)\leqslant 1$,充分.

> **敲黑板** 该题考查 $f(x)=ax^2+bx+c$ 的零点问题.
> 零点就是函数图像与 x 轴的交点.(1)可以借助图像,根据图像看出函数与 x 轴的交点,即零点.(2)对于二次函数,令 $f(x)=0$,求出的根即为函数零点.

10.【答案】 B

【解析】 该题考查直线和抛物线问题.

化简题干,将直线和抛物线联立得 $ax+b=x^2 \Rightarrow x^2-ax-b=0$,因为有两个交点,故关于 x 的一元二次方程,判别式 $\Delta=a^2+4b>0 \Rightarrow a^2>-4b$.

条件(1), $a^2>4b$,条件(1)不充分;

条件(2),b>0,则-4b<0,而根据非负性,$a^2\geq 0$,因此$a^2>-4b$,充分.

> **敲黑板** 考生需掌握直线$y=ax+b$与抛物线$y=x^2$的交点情况,联立直线和抛物线有
> $$x^2=ax+b\Rightarrow x^2-ax-b=0\begin{cases}\Delta=a^2+4b>0,\text{有两个交点},\\\Delta=a^2+4b=0,\text{有一个交点},\\\Delta=a^2+4b<0,\text{无交点}.\end{cases}$$

11.【答案】A

【解析】该题考查二次函数最值问题.

条件(1),$1,a,b$成等差数列,因为a,b是两个不相等的实数,则公差$d\neq 0$,即$a\neq 1$,根据等差数列的性质可得$b-a^2=(2a-1)-a^2=-a^2+2a-1\leq 0,a\neq 1$,因此$-a^2+2a-1<0$,即$b-a^2<0$,充分;

条件(2),根据等比数列的性质可得$a^2=b$,则$b-a^2=a^2-a^2=0$,因此条件(2)不充分.

12.【答案】E

【解析】如图所示,当$x^2=-x^2+8$时有最小值4.

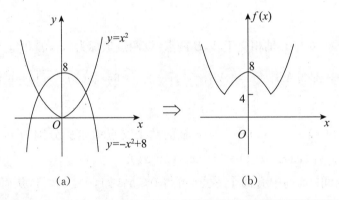

(a)   (b)

> **敲黑板** 该题考查$\max\{f(x),g(x)\}$的最小值问题,解题方法:
> 第一步:分别画出$f(x)$和$g(x)$的图像;
> 第二步:找交点;
> 第三步:画新图.

13.【答案】D

【解析】该题考查复合函数,化简题干,二次函数过原点,开口向上,顶点坐标为$\left(-\dfrac{a}{2},-\dfrac{a^2}{4}\right)$.从结论入手,对于$f(x)$,当$x=-\dfrac{a}{2}$时,$f_{\min}(x)=-\dfrac{a^2}{4}$,即函数$f(x)$的值域为$\left[-\dfrac{a^2}{4},+\infty\right)$,函数$f[f(x)]$的定义域为$\left[-\dfrac{a^2}{4},+\infty\right)$,若$f(x)$的最小值和$f[f(x)]$的最小值相等,则要求$f[f(x)]$的定义域含有$f(x)$的对称轴$x=-\dfrac{a}{2}$,即$-\dfrac{a}{2}\geq -\dfrac{a^2}{4}$,解得$a\leq 0$或$a\geq 2$,两个条件单独都是子

集,单独都充分.

> **敲黑板** 此题属于超纲题,考查复合函数的定义,设 $y=f(u)$,$u=g(x)$,则 $y=f[g(x)]$ 为复合函数,$u=g(x)$ 的值域为原函数 $y=f(u)$ 的定义域.

14. 【答案】A

    【解析】由函数 $f(x)=(ax-1)(x-4) \Rightarrow x_1=\dfrac{1}{a}$,$x_2=4$. 由条件(1),$a>\dfrac{1}{4} \Rightarrow \dfrac{1}{a}<4$,且函数开口向上,则在 $x=4$ 左侧附近有 $f(x)<0$,充分;

    条件(2),当 $a<0$ 时,函数开口向下,则在 $x=4$ 左侧附近有 $f(x)>0$,不充分.

15. 【答案】B

    【解析】化简题干 $f(x)=|x-2|^2-2|x-2|-4$,令 $|x-2|=t$,则 $f(x)=t^2-2t-4(t \geqslant 0)$,当对称轴 $t=1$ 时,$f_{\min}(x)=-5$.

16. 【答案】B

    【解析】$\begin{cases} f(2)=4a+2b+c, \\ f(0)=c \end{cases} \Rightarrow 4a+2b=0 \Rightarrow b=-2a$,则

    $$\dfrac{f(3)-f(2)}{f(2)-f(1)}=\dfrac{9a+3b-4a-2b}{4a+2b-a-b}=\dfrac{5a+b}{3a+b}=\dfrac{3a}{a}=3.$$

第四章 方程及不等式

专题一 方程

题型一：根与系数的关系（韦达定理）

1. 【答案】B

   【解析】$\dfrac{1}{x_1}+\dfrac{1}{x_2}=\dfrac{x_1+x_2}{x_1x_2}=-\dfrac{b}{1}=5\Rightarrow b=-5$.

   > **敲黑板** 牢记韦达定理化简公式，也可以直接使用公式 $\dfrac{1}{x_1}+\dfrac{1}{x_2}=-\dfrac{b}{c}$.

2. 【答案】A

   【解析】$\sqrt{\dfrac{1}{x_1}\cdot\dfrac{1}{x_2}}=\sqrt{3}\Rightarrow x_1x_2=\dfrac{1}{3}=\dfrac{a}{6}\Rightarrow a=2$.

   > **敲黑板** 该题考查韦达定理与几何平均值交叉应用.

3. 【答案】A

   【解析】$x_1x_2=2a^2-4a-2=2(a-1)^2-4$，当 $a=1$ 时，x_1x_2 有最小值 -4，经验证，当 $a=1$ 时，原方程有实根，满足题干.

   > **敲黑板** 根据题意写出两根之积的代数式，然后利用二次函数求解最值. 但是要注意自变量的取值范围.

4. 【答案】A

   【解析】根据韦达定理，$x_1x_2=37$，因为 x_1,x_2 均为正整数，所以一个为 1，另一个为 37. 由 $p=-(x_1+x_2)=-38$，故 $\dfrac{(x_1+1)(x_2+1)}{p}=\dfrac{38\times 2}{-38}=-2$.

5. 【答案】E

   【解析】因为 $\dfrac{1}{x_1}+\dfrac{1}{x_2}=4$，由韦达定理得 $\dfrac{x_1+x_2}{x_1x_2}=\dfrac{8}{a}=4$，所以 $a=2$.

   > **敲黑板** 该题考查韦达定理与算术平均值交叉应用.

6.【答案】A

【解析】根据一元三次方程 $ax^3+bx^2+cx+d=0(a\neq 0)$ 的韦达定理,若三个根为 x_1,x_2,x_3,则

$$\begin{cases} x_1+x_2+x_3=-\dfrac{b}{a}, \\ x_1x_2x_3=-\dfrac{d}{a}. \end{cases}$$

由于 $x_1=-1$,则 $x_2+x_3=-1,x_2x_3=-6$,故 $\dfrac{1}{x_2}+\dfrac{1}{x_3}=\dfrac{x_2+x_3}{x_2x_3}=\dfrac{-1}{-6}=\dfrac{1}{6}$.

> **敲黑板** 一元三次方程考查内容比较少,三根之和、三根之积类似于一元二次方程两根之间的关系.

7.【答案】D

【解析】根据韦达定理有 $\dfrac{1}{x_1}+\dfrac{1}{x_2}=\dfrac{x_1+x_2}{x_1x_2}=-\dfrac{p}{5}=2\Rightarrow p=-10$.

8.【答案】B

【解析】$\sqrt{\dfrac{\beta}{\alpha}}+\sqrt{\dfrac{\alpha}{\beta}}=\sqrt{\left(\sqrt{\dfrac{\beta}{\alpha}}+\sqrt{\dfrac{\alpha}{\beta}}\right)^2}=\sqrt{\dfrac{\beta}{\alpha}+\dfrac{\alpha}{\beta}+2}=\sqrt{\dfrac{\alpha^2+\beta^2}{\alpha\beta}+2}$.

根据韦达定理知 $\alpha+\beta=-\dfrac{5}{3},\alpha\beta=\dfrac{1}{3}$,因此 $\sqrt{\dfrac{\beta}{\alpha}}+\sqrt{\dfrac{\alpha}{\beta}}=\dfrac{5\sqrt{3}}{3}$.

> **敲黑板** 善于处理韦达定理在根式中的应用,另外,也可以用均值不等式排除其他选项从而快速得到答案.

9.【答案】B

【解析】根据一元二次方程的韦达定理可得 $x_1+x_2=-\dfrac{m}{3},x_1x_2=\dfrac{5}{3}$.

因此 $\dfrac{1}{x_1}+\dfrac{1}{x_2}=1\Rightarrow\dfrac{x_1+x_2}{x_1x_2}=-\dfrac{m}{5}=1\Rightarrow m=-5$.

10.【答案】B

【解析】设方程两根为 $a,2a$,则由韦达定理,有

$$a+2a=-p,a\cdot 2a=q\Rightarrow\dfrac{q}{2}=a^2=\left(-\dfrac{p}{3}\right)^2\Rightarrow 2p^2=9q.$$

11.【答案】D

【解析】该题考查韦达定理与二次函数.

条件(1),判别式

$$\Delta=4a^2-4(a^2+2a+1)=4(-2a-1)\geqslant 0\Rightarrow a\leqslant -\dfrac{1}{2},$$

$$\alpha^2+\beta^2=(\alpha+\beta)^2-2\alpha\beta=2(a^2-2a-1),$$

所以当 $a=-\dfrac{1}{2}$ 时,其最小值为 $\dfrac{1}{2}$.

条件(2),$\alpha^2+\beta^2 \geqslant 2\alpha\beta = \dfrac{1}{2}$.

> **敲黑板** 条件(1)中,考生容易忽略由判别式得 a 的取值范围,从而漏选条件(1).

12. 【答案】D

【解析】由 $\begin{cases} 3x^2+bx+c=0 \text{ 两根为 } \alpha,\beta, \\ 3x^2-bx+c=0 \text{ 两根为 } \alpha+\beta,\alpha\beta, \end{cases}$ 则两组根互为相反数,即 $\begin{cases} \alpha=-(\alpha+\beta), \\ \beta=-\alpha\beta \end{cases} \Rightarrow \begin{cases} \alpha=-1, \\ \beta=2. \end{cases}$

$\alpha+\beta=-\dfrac{b}{3}, \alpha\beta=\dfrac{c}{3} \Rightarrow \begin{cases} b=-3, \\ c=-6. \end{cases}$

> **敲黑板** 考生需熟记:若 $ax^2+bx+c=0(c\neq 0)$ 的两根为 x_1 和 x_2,则
> (1) $ax^2-bx+c=0$ 的两根为 $-x_1$ 和 $-x_2$;
> (2) $cx^2-bx+a=0$ 的两根为 $\dfrac{1}{x_1}$ 和 $\dfrac{1}{x_2}$.

13. 【答案】B

【解析】根据一元三次方程的韦达定理,三个根为 x_1,x_2,x_3,则
$$\begin{cases} x_1+x_2+x_3=-\dfrac{b}{a} \Rightarrow b=0, \\ x_1x_2x_3=-\dfrac{d}{a} \Rightarrow d=0, \end{cases}$$

则 $ax^3+cx=0 \Rightarrow x(ax^2+c)=0 \Rightarrow x=0$ 或 $x^2=-\dfrac{c}{a}$,因为已知是三个不同的实数根,故 $x^2=-\dfrac{c}{a}>0 \Rightarrow ac<0$.

> **敲黑板** 由 $x_1x_2x_3=0, x_1+x_2+x_3=0$,不妨设 $x_1=0, x_2=1, x_3=-1$,则
> $\begin{cases} d=0, \\ a+b+c=0, \\ -a+b-c=0 \end{cases} \Rightarrow a+c=0$,又因为是一元三次方程,则 $a\neq 0$,所以 a,c 互为相反数.

14. 【答案】E

【解析】该题考查韦达定理与非负性的应用.

条件(1),根据韦达定理得到 $a^2+b^2=(a+b)^2-2ab=17$,不充分;

条件(2),$|a-b+3|+|2a+b-6|=0$,根据非负性得到 $\begin{cases} a-b+3=0 \\ 2a+b-6=0 \end{cases} \Rightarrow \begin{cases} a=1, \\ b=4, \end{cases}$ 不充分.

15. 【答案】A

【解析】$x_1^2+x_2^2=(x_1+x_2)^2-2x_1x_2=a^2+2$.

题型二：根的判断

16. 【答案】C

【解析】由一元二次方程有两个相异实根,可知 $k\neq 0$ 且 $(2k+1)^2-4k^2>0$,解得 $k>-\dfrac{1}{4}$ 且 $k\neq 0$.

17. 【答案】D

【解析】由方程有两个实根,可知 $\Delta\geqslant 0\Rightarrow 4(k+1)^2-4(k^2+2)=8k-4\geqslant 0\Rightarrow k\geqslant\dfrac{1}{2}$. 条件(1)单独充分,条件(2)单独充分.

18. 【答案】A

【解析】该题考查一元二次方程与数列问题.

条件(1),可以得到 $b^2=ac,b\neq 0$,则一元二次方程的判别式 $\Delta=b^2-4ac=-3b^2<0$,充分.

条件(2),可以取 $a=1,b=10,c=19$,则 $\Delta=100-76=24>0$,不充分.

19. 【答案】D

【解析】由一元二次方程有两个不同实根,可知 $\Delta=b^2-4>0\Rightarrow b<-2$ 或 $b>2$,因此条件(1)和条件(2)单独都充分.

20. 【答案】A

【解析】条件(1),$\Delta=b^2-4ac=b^2-4a(-a)=b^2+4a^2>0$,因此方程有两个不同实根,条件(1)充分.

条件(2),$\Delta=b^2-4ac=(a+c)^2-4ac=(a-c)^2\geqslant 0$,当 $a=c$ 时,$\Delta=0$,方程有两个相等的实根,条件(2)不充分.

21. 【答案】E

【解析】条件(1),得 $\Delta=8^2-4\times a\times 6\geqslant 0\Rightarrow a\leqslant\dfrac{8}{3}$,不充分;

条件(2),得 $\Delta=25a^2-36\geqslant 0\Rightarrow a\geqslant\dfrac{6}{5}$ 或 $a\leqslant-\dfrac{6}{5}$,不充分;

条件(1)和条件(2)联合,$a\leqslant-\dfrac{6}{5}$ 或 $\dfrac{6}{5}\leqslant a\leqslant\dfrac{8}{3}$,不充分.

22. 【答案】D

【解析】根据题干得到判别式 $\Delta=2^2(a+b)^2-4c^2=4[(a+b)^2-c^2]$.

条件(1),根据三角形三边的性质,有 $a+b>c$,因此 $(a+b)^2-c^2>0$,充分.

条件(2),因为 $a+b=2c$,所以 $\Delta=4[(a+b)^2-c^2]=12c^2\geqslant 0$,充分.

23. 【答案】D

【解析】条件(1),$a=-b\Rightarrow\Delta=b^2-4(b-1)(b-2)^2\geqslant 0$,充分.

条件(2),$a=b\Rightarrow\Delta=b^2-4(b-1)(b-2)^2\geqslant 0$,充分.

题型三：公共根的问题

24.【答案】 A

【解析】条件(1)，当 $a=3$ 时，原方程分别为 $x^2+3x+2=0$ 和 $x^2-2x-3=0$，这两个方程有一公共实数根 $x=-1$，充分；

条件(2)，当 $a=-2$ 时，原方程分别为 $x^2-2x+2=0$ 和 $x^2-2x+2=0$，两方程一样且判别式小于 0，没有实数根，不充分．

25.【答案】 A

【解析】该题考查公共根问题．

条件(1)，由 $\begin{cases} x+3y=7, \\ \beta x+\alpha y=1 \end{cases}$ 与 $\begin{cases} 3x-y=1, \\ \alpha x+\beta y=2 \end{cases}$ 有相同的解，则方程重新组合有 $\begin{cases} x+3y=7, \\ 3x-y=1, \end{cases}$ 解得 $\begin{cases} x=1, \\ y=2, \end{cases}$ 将解代回原方程组，可以得到关于 α,β 的方程组 $\begin{cases} \beta+2\alpha=1, \\ \alpha+2\beta=2, \end{cases}$ 两式相加可得 $3\alpha+3\beta=3$，即 $\alpha+\beta=1$，那么 $(\alpha+\beta)^{2009}=1^{2009}=1$，充分．

条件(2)，根据韦达定理，$\alpha+\beta=-1$，则 $(\alpha+\beta)^{2009}=-1$，不充分．

题型四：根的分布

26.【答案】 A

【解析】令 $f(x)=3x^2+(m-5)x+m^2-m-2$，看作开口向上的抛物线，其与 x 轴的交点为方程的根，有 $\begin{cases} f(0)=m^2-m-2>0, \\ f(1)=m^2-4<0, \\ f(2)=m^2+m>0 \end{cases} \Rightarrow -2<m<-1$．

> **敲黑板** 牢记根的分布特点，用函数值寻找根的分布规律．

27.【答案】 C

【解析】$x^2-6x+8=0 \Rightarrow x_1=2, x_2=4$，设方程所对应的函数为 $f(x)$，若方程中仅有一根在 2 和 4 之间，则需满足 $f(2) \cdot f(4)<0$，容易验证，只有选项 C 满足此条件．

28.【答案】 C

【解析】由题干可知，

$\begin{cases} \Delta=(a-2)^2-16(a-5)>0, \\ x_1+x_2=\dfrac{2-a}{4}<0, \\ x_1 x_2=\dfrac{a-5}{4}>0 \end{cases} \Rightarrow \begin{cases} a<6 \text{ 或 } a>14, \\ a>2, \\ a>5 \end{cases} \Rightarrow 5<a<6 \text{ 或 } a>14.$

因此，条件(1)和条件(2)单独均不充分，联合充分．

29.【答案】D

【解析】若方程 $Ax^2+Bx+C=0$ 有一正、一负根,则 $\Delta>0$,且 A 与 C 异号,结合题干可知 b 应为负数.

条件(1),$b=-C_4^3<0$,充分;

条件(2),$b=-C_7^5<0$,充分.

30.【答案】D

【解析】由题干,一个根大于1,另一个根小于1,知 $2a(2a-2-3a+5)<0 \Rightarrow a>3$ 或 $a<0$.

【敲黑板】熟记根的分布特点,只要看到一个根比 m 大,另一个根比 m 小,马上套用公式 $af(m)<0$.

31.【答案】B

【解析】本题考查根的分布问题.已知根的具体范围求参数的取值情况时,一定要将一元二次方程转化为二次函数,然后把两根端点对应的函数值与0进行比较.因为选项中 m 均有正数的情形,故 $m>0$.令

$$f(x)=mx^2-(m-1)x+m-5 \Rightarrow \begin{cases} f(-1)>0, \\ f(0)<0, \\ f(1)>0, \end{cases}$$

解得 $4<m<5$.

【敲黑板】题干分析是一正、一负根,技巧是 a,c 异号,选项 C,D,E 都有 a,c 同号的情况,故排除,取特值 $m=4.5$,排除选项 A,故选 B.

32.【答案】D

【解析】条件(1),$9x^2-3x-6=3(x-1)(3x+2)=0$ 有一个整数根,充分;

条件(2),$25x^2-35x=5x(5x-7)=0$ 有一个整数根,充分.

专题二 其他方程

题型一:一元一次方程

1.【答案】C

【解析】将错解代入看错方程的表达式,解出参数值,即把 $x=1$ 代入 $\dfrac{ax+1}{3}-\dfrac{x-1}{2}=1$,解得 $a=2$,再将 $a=2$ 代入 $\dfrac{ax+1}{3}-\dfrac{x+1}{2}=1$ 中,得到 $x=7$.

2.【答案】B

【解析】通分得 $x=-1$.

题型二：分式方程

3.【答案】C

【解析】原方程等价于 $\dfrac{a+2x}{x^2-1}=0$，解得唯一解 $x=-\dfrac{a}{2}$，其中 $a\ne\pm2$，可知条件(1)和条件(2)单独都不充分，联合起来才充分，选 C.

4.【答案】D

【解析】很显然 $\dfrac{1}{x-2}+3=\dfrac{1-x}{2-x}$ 的增根为 $x=2$，则 $|a|=2\Rightarrow a=\pm2$. 条件(1)与条件(2)均充分.

题型三：无理方程

5.【答案】C

【解析】$\sqrt{x^3+2x^2}=\sqrt{x^2(2+x)}=|x|\sqrt{2+x}$，当 $-2\leqslant x\leqslant0$ 时，有
$$|x|\sqrt{2+x}=-x\sqrt{2+x}.$$

> **敲黑板** 解无理方程要注意根的取值范围.

6.【答案】E

【解析】$\sqrt{x-p}=x\Rightarrow x-p=x^2\Rightarrow x^2-x+p=0$ 有两个不相等的正根，因此 $\begin{cases}\Delta=1-4p>0,\\x_1x_2=p>0\end{cases}\Rightarrow 0<p<\dfrac{1}{4}$. 条件(1)和条件(2)单独都不充分，联合起来也不充分.

题型四：绝对值方程

7.【答案】C

【解析】$x^2-6x+(a-2)|x-3|+9-2a=0\Leftrightarrow|x-3|^2+(a-2)|x-3|-2a=0$，令 $t=|x-3|$，即 $t^2+(a-2)t-2a=0$，可能有一正、一负根或两个相等的正根，设 $f(t)=t^2+(a-2)t-2a$，因此
$$f(0)=-2a<0\Rightarrow a>0,$$
或
$$\begin{cases}\Delta=(a-2)^2+8a=0,\\-(a-2)>0,\\-2a>0\end{cases}\Rightarrow a=-2.$$

8.【答案】C

【解析】根据题意，有 $-x=ax+1(x<0)$，因此 $(a+1)x=-1\Rightarrow x=-\dfrac{1}{a+1}<0(a\ne-1)$，解得 $a>-1$.

9.【答案】C

【解析】当 $x \geqslant -\dfrac{1}{2}$ 时,有 $|x-|2x+1||=|x-(2x+1)|=|-x-1|=x+1=4 \Rightarrow x=3$.

当 $x < -\dfrac{1}{2}$ 时,有 $|x-|2x+1||=|x+(2x+1)|=|3x+1|=-(3x+1)=4$,解得 $x=-\dfrac{5}{3}$.

题型五：指数方程

10.【答案】C

【解析】令 $2^x=t(t>0)$,则有 $\dfrac{1}{2}t^2+t=1 \Rightarrow t^2+2t-2=0$,解得 $t=\sqrt{3}-1$,可得 $x=\log_2(\sqrt{3}-1)$. 因为 $\sqrt{3}-1<1$,所以 $x<0$.

题型六：方程与数列、三角形相结合

11.【答案】A

【解析】因为 a,b,c 三数既成等差数列又成等比数列,所以 $a=b=c \neq 0$,根据韦达定理可得 $\alpha+\beta=-1, \alpha\beta=-1$,则

$$\alpha^3\beta-\alpha\beta^3 = \alpha\beta(\alpha+\beta)(\alpha-\beta)=\alpha\beta(\alpha+\beta)\sqrt{(\alpha-\beta)^2}$$
$$= \alpha\beta(\alpha+\beta)\sqrt{(\alpha+\beta)^2-4\alpha\beta}=\sqrt{5}.$$

> **敲黑板** 解决此题的关键是要记得既成等差又成等比的数列是常数列.

12.【答案】B

【解析】方程 $(a^2+c^2)x^2-2c(a+b)x+b^2+c^2=0$ 有实根,则判别式
$$\Delta=[2c(a+b)]^2-4(a^2+c^2)(b^2+c^2) \geqslant 0 \Rightarrow 2abc^2-a^2b^2-c^4 \geqslant 0,$$
配方可得 $(c^2-ab)^2 \leqslant 0 \Rightarrow c^2=ab$,故 a,c,b 成等比数列.

13.【答案】A

【解析】由于方程 $x^2-\sqrt{2}mx+\dfrac{3m-1}{4}=0$ 有相同实根,因此判别式 $\Delta=2m^2-3m+1=0 \Rightarrow m=\dfrac{1}{2}$ 或 1,则三角形边长 $AB=AC=\dfrac{\sqrt{2}}{2}m=\dfrac{\sqrt{2}}{4}$ 或 $\dfrac{\sqrt{2}}{2}$,根据三角形三边关系,其中 $AB=AC=\dfrac{\sqrt{2}}{4}$(舍),取 $AB=AC=\dfrac{\sqrt{2}}{2}$,故所求面积为 $\dfrac{\sqrt{5}}{9}$.

14.【答案】A

【解析】因为 $a=c=1$,所以 $(b-x)^2-4(a-x)(c-x)=(b-x)^2-4(1-x)^2=0$,整理得 $3x^2+(2b-8)x+4-b^2=0$,方程有相同实根,因此判别式 $\Delta=(2b-8)^2-4 \times 3(4-b^2)=0 \Rightarrow b=1$,故 $\triangle ABC$ 为等边三角形.

15.【答案】C

【解析】$x^2-(1+\sqrt{3})x+\sqrt{3}=0$, 即 $(x-\sqrt{3})(x-1)=0$, 故 $x=\sqrt{3}$ 或 $x=1$, 因为 $a<b$, 则 $a=1$, $b=\sqrt{3}$, $S=\dfrac{1}{2}\times\sqrt{3}\times\dfrac{1}{2}=\dfrac{\sqrt{3}}{4}$.

16.【答案】A

【解析】条件(1), a,b,c 是等边三角形的三条边, 则
$$\Delta=[2b-4(a+c)]^2-4\times 3(4ac-b^2)$$
$$=4b^2-16(a+c)b+16(a+c)^2-48ac+12b^2$$
$$=16[b^2-(a+c)b+a^2+c^2-ac]=8[(a-b)^2+(a-c)^2+(b-c)^2]=0.$$
条件(2), 可设 $a=c=1$, 在 b 不确定的情况下, 不一定成立. 所以选 A.

> 敲黑板 对于条件(1)的解答可以直接把 $a=b=c$ 代入, 计算更简便, 如此计算只是为了回顾公式 $2(a^2+b^2+c^2-ab-bc-ac)=(a-b)^2+(a-c)^2+(b-c)^2$.

17.【答案】C

【解析】根据等比数列的性质和韦达定理可得 $a_4a_7=a_3a_8=-6$.

> 敲黑板 运用等比数列的性质和韦达定理即可.

18.【答案】D

【解析】a_2 与 a_{10} 是方程 $x^2-10x-9=0$ 的两个根, 由韦达定理可得 $a_2+a_{10}=10$, 又 $\{a_n\}$ 为等差数列, 根据等差数列的性质有 $a_5+a_7=a_2+a_{10}=10$.

> 敲黑板 运用等差数列的性质和韦达定理即可.

19.【答案】B

【解析】条件(1), 即 $a+b=2$, 举反例 $\begin{cases}a=0,\\b=2,\end{cases}$ $x^2+4x+5=0$ 无重实根, 不充分.

条件(2), 由题干, x 的二次方程 $(a^2+1)x^2+2(a+b)x+b^2+1=0$ 具有重实根, $\Delta=4(a+b)^2-4(a^2+1)(b^2+1)=0\Rightarrow a^2b^2-2ab+1=(ab-1)^2=0$, 即 $ab=1$, 故条件(2)充分.

专题三 基本不等式

题型一：不等式的基本性质

1.【答案】C

【解析】由于 $a>b>0, k>0$, 则 $a+k>a>0$ 且 $b-a<0$, 所以 $\dfrac{1}{a}>\dfrac{1}{a+k}$, $\dfrac{b-a}{a}<\dfrac{b-a}{a+k}$, 两边加 1 得

$\dfrac{b}{a} < \dfrac{b+k}{a+k}$，从而 $-\dfrac{b}{a} > -\dfrac{b+k}{a+k}$.

> **敲黑板** 可采用特值法．令 $a=2, b=1, k=0.5$，排除 A，B，令 $a=2, b=1, k=1.5$，排除 D.

2. 【答案】E

   【解析】条件(1)，令 $x=2, y=8$，不充分；

   条件(2)，令 $x=2, y=8$，不充分.

   联合也不充分.

3. 【答案】E

   【解析】由题干可知 $b \neq 0$.

   条件(1)，令 $a=1, b=0, c=-1$，则 $ab^2=0=cb^2$，条件(1)不充分；条件(2)，令 $a=-1, b=0, c=1$，

   则 $ab^2=0=cb^2$，条件(2)不充分．两条件联合也不充分.

4. 【答案】E

   【解析】条件(1)，得 $a>b$ 或 $a<-b$，不充分；

   条件(2)，令 $a=-3, b=4$，则 $(-3)^2>4$，不充分.

   条件(1)和条件(2)联合也不充分.

5. 【答案】D

   【解析】由题干 $x>2\,014$ 或 $x=2\,014$.

   条件(1)，落在题干范围内，充分；

   条件(2)，落在题干范围内，充分.

6. 【答案】A

   【解析】条件(1)，$a+b \geq 4$，假设 $a<2$ 且 $b<2$，则 $a+b<4$，这与 $a+b \geq 4$ 矛盾，条件(1)充分；

   条件(2)，若 $a=-4, b=-4, ab=16 \geq 4$，条件(2)不充分.

7. 【答案】C

   【解析】条件单独显然不充分，考虑联合.

   根据不等式的同向相加原则，$\begin{cases} x \leq y+2, \\ -x \leq -2y+2, \end{cases} \Rightarrow \begin{cases} x \leq 6, \\ y \leq 4, \end{cases}$ 故选 C.

> **敲黑板** 在不等式计算过程中，不等号同向时，两式相加，不等号的方向不变，但相减则不行.

题型二：一元一次不等式

8. 【答案】D

   【解析】由两个条件都可以得到 $a=1$，代入解得不等式解集是 $x \leq \dfrac{3}{2}$.

> **敲黑板** 准确理解含参数的不等式应该如何求解.

题型三：一元二次不等式

9.【答案】 C

【解析】由 $3x^2-4ax+a^2<0$ 得 $(3x-a)(x-a)<0$，又 $a<0$，故解集为 $a<x<\dfrac{a}{3}$.

10.【答案】 B

【解析】由 $-2x^2+5x+c\geqslant 0$ 的解集为 $-\dfrac{1}{2}\leqslant x\leqslant 3$，可知方程 $-2x^2+5x+c=0$ 的两根分别为 $-\dfrac{1}{2}$ 和 3，将其中任意一个根代回原方程可得 $c=3$，或者根据韦达定理

$$x_1 x_2=\dfrac{c}{-2}=-\dfrac{3}{2}\Rightarrow c=3.$$

11.【答案】 A

【解析】$4+5x^2>x\Rightarrow 5x^2-x+4>0$，而 $\Delta=(-1)^2-4\times 5\times 4<0$，所以解集是全体实数.

12.【答案】 B

【解析】条件(1)，$k=0$，原式左边 $=3x^2-6x-1$，根据判别式 $\Delta=36+12=48>0$，故原不等式不对任意 x 成立；

条件(2)，$k=-3$，原式左边 $=-4<0$，恒成立，故对任意的 x，原不等式均成立.

故选 B.

13.【答案】 E

【解析】$x^2+10x+27>0$，根据判别式 $\Delta=100-108=-8<0$，所以解集为全体实数.

14.【答案】 A

【解析】$4x^2-4x<3\Rightarrow 4x^2-4x-3<0\Rightarrow(2x+1)(2x-3)<0\Rightarrow -\dfrac{1}{2}<x<\dfrac{3}{2}$.

显然条件(1)充分，条件(2)不充分.

15.【答案】 A

【解析】因为解集为 $\left(-\dfrac{1}{3},\dfrac{1}{2}\right)$，所以 $a<0$，且 $-\dfrac{1}{3}+\dfrac{1}{2}=-\dfrac{2}{a}\Rightarrow a=-12$，同时 $-\dfrac{1}{3}\times\dfrac{1}{2}=\dfrac{2}{a}\Rightarrow a=-12$，故 $a=-12$.

16.【答案】 D

【解析】原不等式即为 $(x+3)(x-2)>0$，解得 $x<-3$ 或 $x>2$.

17.【答案】 A

【解析】由题干可得 $y>0$，则原不等式可化为 $\dfrac{y^2+3}{2y}<\sqrt{x}+\dfrac{1}{\sqrt{x}}$，因为 $\sqrt{x}+\dfrac{1}{\sqrt{x}}\geqslant 2$，则若要使原不

等式对一切正实数恒成立,需有 $\frac{y^2+3}{2y}<2$,解得 $1<y<3$.

> **敲黑板** 该题可用特值法令 $x=1$ 来解题.

18. 【答案】E

    【解析】条件(1),$0<a<3$,令 $a=2$,于是 $2x^2-4x+2>0\Rightarrow(x-1)^2>0$,在 $x=1$ 时不成立,不充分.
    条件(2),$1<a<5$,令 $a=2$,不充分.
    联合条件为 $1<a<3$,令 $a=2$,不充分.

19. 【答案】E

    【解析】$\frac{(x-a)^2+(x+a)^2}{x}>4\Rightarrow\frac{2x^2+2a^2}{x}>4\Rightarrow x^2-2x+a^2>0\Rightarrow\Delta=4-4a^2<0\Rightarrow a\in(-\infty,-1)\bigcup(1,+\infty)$,选 E.

题型四:绝对值不等式

20. 【答案】A

    【解析】由于 $|a-b|\geqslant a-b$ 恒成立,因此只需 $a\geqslant 0$,条件(1)充分,条件(2)不充分.

21. 【答案】A

    【解析】当 $x\geqslant\frac{1}{2}$ 时,$x^2-x-5>2x-1\Rightarrow x>4$ 或 $x<-1\Rightarrow x>4$;

    当 $x<\frac{1}{2}$ 时,$x^2-x-5>-2x+1\Rightarrow x^2+x-6>0\Rightarrow x>2$ 或 $x<-3\Rightarrow x<-3$.

    所以条件(1)充分,条件(2)不充分.

22. 【答案】B

    【解析】由题干可知 $|x^2+2x+a|>1$ 的解集为全体实数,即 $x^2+2x+a>1$ 或 $x^2+2x+a<-1$ 的解集为全体实数.若 $x^2+2x+a-1>0$ 的解集为全体实数,则 $4-4(a-1)<0\Rightarrow a>2$.而 $x^2+2x+a<-1$ 的解集不可能为全体实数.

    所以条件(1)不充分,条件(2)充分.

> **敲黑板** (1)该题考查空集问题. $f(x)\leqslant a$ 解集为空集,则 $f(x)>a$ 解集为 R.
>
> $f(x)\geqslant a$ 解集为全体实数 $\Rightarrow f_{\min}(x)\geqslant a$.
>
> $f(x)>a$ 解集为全体实数 $\Rightarrow f_{\min}(x)>a$.
>
> $f(x)\leqslant a$ 解集为全体实数 $\Rightarrow f_{\max}(x)\leqslant a$.
>
> $f(x)<a$ 解集为全体实数 $\Rightarrow f_{\max}(x)<a$.
>
> (2)技巧.
>
> 条件(1),取 $a=-1$,令 $x=0\Rightarrow 1=1$,不等式有解,不充分.
>
> 条件(2),将题干变形得 $|(x+1)^2+a-1|>1$,充分.

23. 【答案】B

【解析】此题的本质是去掉绝对值符号,利用零点分段讨论法.当 $x\geqslant 1$ 时 $\Rightarrow x-1+x\leqslant 2\Rightarrow x\leqslant\dfrac{3}{2}$;当 $x<1$ 时 $\Rightarrow 1-x+x\leqslant 2\Rightarrow 1\leqslant 2$ 恒成立,二者取并集得 $x\leqslant\dfrac{3}{2}$.

敲黑板 只要看到绝对值马上想到特值法,令 $x=0$ 时,代入题干得 $1\leqslant 2$ 恒成立,排除 C,D,E.令 $x=\dfrac{3}{2}$ 时,$2\leqslant 2$ 恒成立,选 B.

24. 【答案】A

【解析】$|x-a|<1\Rightarrow a-1<x<a+1$;$|x-b|<2\Rightarrow b-2<x<b+2$.已知 $A\subseteq B$,因此 $a-1\geqslant b-2\Rightarrow a-b\geqslant -1$,且 $a+1\leqslant b+2\Rightarrow a-b\leqslant 1$,综上可得 $|a-b|\leqslant 1$.

敲黑板 该题可以用特值法来解.令 $a=0,b=0\Rightarrow A:|x|<1\Rightarrow -1<x<1;B:-2<x<2$,则 $A\subseteq B$ 成立,排除 B,D,E.

令 $a=0,b=1\Rightarrow A:|x|<1\Rightarrow -1<x<1;B:-2<x-1<2\Rightarrow -1<x<3$,则 $A\subseteq B$ 成立,排除 C.

题型五:简单的分式不等式

25. 【答案】A

【解析】$\dfrac{3x^2-2}{x^2-1}>1\Rightarrow\dfrac{3x^2-2}{x^2-1}-1>0\Rightarrow\dfrac{2x^2-1}{x^2-1}>0\Rightarrow(2x^2-1)(x^2-1)>0$.

由于 $0<x<1$,根据穿线法可得 $0<x<\dfrac{1}{\sqrt{2}}$.

26. 【答案】A

【解析】条件(1),$a+b>b+c>a+c>0\Rightarrow\dfrac{c}{a+b}<\dfrac{a}{b+c}<\dfrac{b}{a+c}$,充分;

条件(2),令 $a=1,b=2,c=3$,不充分.

27. 【答案】E

【解析】原式化简为 $(x^2-2x+3)(x-2)(x-3)\geqslant 0$ 且 $(x-2)(x-3)\neq 0$,$x^2-2x+3=0$ 的判别式 $\Delta=-8<0$,所以 x^2-2x+3 恒正,则解集为 $x>3$ 或 $x<2$.

28. 【答案】C

【解析】条件(1),$x<\dfrac{1}{x}\Rightarrow x-\dfrac{1}{x}=\dfrac{x^2-1}{x}<0\Rightarrow\dfrac{(x+1)(x-1)}{x}<0\Rightarrow x<-1$ 或 $0<x<1$,不充分;

条件(2),$2x>x^2\Rightarrow x^2-2x=x(x-2)<0\Rightarrow 0<x<2$,不充分.

条件(1)和条件(2)联合充分.

题型六:高次不等式

29. 【答案】A

【解析】原不等式化为$(x^2-2)(x^2+1)\geqslant 0$,即$x^2\geqslant 2\Rightarrow x\geqslant\sqrt{2}$或$x\leqslant-\sqrt{2}$.

30.【答案】D

【解析】由于$y=2x^2+x+3$恒大于0,故原不等式化为$-x^2+2x+3<0$,解得$x<-1$或$x>3$.

> 敲黑板 首先注意恒正或者恒负的式子,然后用穿线法求解.

31.【答案】E

【解析】由于$2x-2x^2-6<0$恒成立,原不等式可化为$(x+2)(x-2)(x-4)>0$,解得$-2<x<2$或$x>4$.

条件(1)和条件(2)单独都不充分,联合起来也不充分.

题型七：无理及对数不等式

32.【答案】B

【解析】根据题干得$1-x^2\geqslant 0\Rightarrow-1\leqslant x\leqslant 1$.不等式两边平方得$1-x^2<1+2x+x^2\Rightarrow x>0$或$x<-1$.所以$0<x\leqslant 1$.

显然条件(1)不充分,条件(2)充分.

33.【答案】D

【解析】$|\log_a x|>1\Rightarrow\log_a x>1$或$\log_a x<-1$.条件(1),由于$\frac{1}{2}<a<1$,因此对数函数单调减少,又$x>\frac{1}{a}$,可得$\log_a x<\log_a\frac{1}{a}=-1$,条件(1)充分;

条件(2),由于$1<a<2$,因此对数函数单调增加,又$x>a$,有$\log_a x>\log_a a=1$,条件(2)充分.

题型八：均值不等式

34.【答案】E

【解析】该题考查算术平均值和几何平均值.

条件(1),a,b,c是满足$a>b>c>1$的三个整数,$b=4$,且a,b,c的算术平均值是$\frac{14}{3}\Rightarrow a=7,c=3$或$a=8,c=2$,所以$a,b,c$的几何平均值是$\sqrt[3]{84}$或4,不充分;

条件(2),因为$1<c<2$,c无取值,显然不充分.

条件(1)和条件(2)联合也不充分.

> 敲黑板 只有确定了所有数字,才能确定算术平均值和几何平均值,否则无法确定.

35.【答案】C

【解析】$\frac{x_1+2+x_2-3+x_3+6+8}{4}=\frac{x_1+x_2+x_3+13}{4}=\frac{15+13}{4}=7$.

【敲黑板】算术平均值就是平均数,根据定义计算即可.可用特值法,令三个数都是5,取特值计算.

36.【答案】B

【解析】该题考查算术平均值.10个数字之和是定值,则平均值就是定值,其中有9个可以任意取值,最后一个根据其他数值来保证所有的和为定值.

【敲黑板】本题考查对于算术平均值的掌握程度,n个数的算术平均值若为定值,则有$n-1$个数字可以任取,最后一个用来确保和为定值即可.

37.【答案】B

【解析】该题考查算术平均值.

条件(1),由已知得$\frac{(x_1+6)+(x_2-2)+(x_3+5)}{3}=4 \Rightarrow \frac{x_1+x_2+x_3}{3}=1$,不充分;

条件(2),由已知得$x_2=\frac{x_1+x_3}{2}$,故$\frac{x_1+x_2+x_3}{3}=\frac{x_2+2x_2}{3}=x_2=4$,充分.

38.【答案】B

【解析】该题考查平均值定理求最值.

条件(1),$abcde=2\,700=2\times2\times3\times3\times3\times5\times5$,$a+b+c+d+e$的最大值为$2+2+3+3+75=85$,不充分;

条件(2),$abcde=2\,000=2\times2\times2\times2\times5\times5\times5$,$a+b+c+d$的最大值为$2+2+2+2+125=133$,充分.

【敲黑板】平均值定理的核心就在于:乘积为定值,和有最小值(各项相等时);和有最大值(最小值和最大值差距越大越好).和为定值,乘积有最大值(各项相等时);乘积有最小值(最小值和最大值差距越大越好).

39.【答案】C

【解析】该题考查平均值定理取等号问题.

由条件(1)得,$\frac{1}{a}+\frac{1}{b}+\frac{1}{c}=\frac{bc+ac+ab}{abc}=ab+bc+ac$,不充分;

条件(2)也不充分.

条件(1)和条件(2)联合,

$ab+bc+ac=\frac{ab+ac}{2}+\frac{bc+ac}{2}+\frac{ab+bc}{2}\geqslant\sqrt{ab\cdot ac}+\sqrt{bc\cdot ac}+\sqrt{ab\cdot bc}=\sqrt{a}+\sqrt{b}+\sqrt{c}$,

因为三个正数不全相等,取不到最小值,所以充分.

> **敲黑板** 考生必须明确运用平均值定理求最值的三个条件：一正数、二定值、三相等.

40.【答案】B

【解析】平均值定理求最值问题.

由平均值定理可知将 $f(x)$ 拆分成 $f(x)=2x+\dfrac{a}{x^2}=x+x+\dfrac{a}{x^2}$，则当三项相等时，取得最小值 12，则每一项均为 4.

> **敲黑板** 形如 $f(x)=kx+\dfrac{a}{x^k}$，根据各项为正数，求和的最小值，首先拆分次方低的项（平均拆分），当且仅当各项相等时，等号成立.

41.【答案】A

【解析】条件(1)，根据均值不等式，已知 ab 的值，则 $a+b$ 有最小值，即 $\dfrac{1}{a}+\dfrac{1}{b}=\dfrac{a+b}{ab}$ 有最小值.
当且仅当 $a=b$ 时取得最小值，条件(1)充分.
条件(2)，根据韦达定理有 $ab=2$，即 ab 为定值，但由于 a,b 是方程的不同实根，即 $a\neq b$，$a+b$ 不能取到最小值，因此条件(2)不充分.

> **敲黑板** 该题考查形如 $a+b\geqslant 2\sqrt{ab}$ 的均值不等式，当且仅当 $a=b$ 时，等号成立.

42.【答案】A

【解析】对题干进行平方化简可得 $\sqrt{a}+\sqrt{d}\leqslant\sqrt{2(b+c)}\Rightarrow a+d+2\sqrt{ad}\leqslant 2(b+c)$.
条件(1)，当 $a+d=b+c$ 时，可得 $2\sqrt{ad}\leqslant a+d$，在正实数范围内显然成立，条件(1)充分.
条件(2)，直接举反例，令 $a=1,b=2,c=2,d=4$，代入题干显然不成立.

第五章 数 列

专题一 数列的基本概念

题型：a_n 与 S_n 的关系

1. **【答案】** E

   【解析】 当 $n=1$ 时，$a_1=S_1=3$；当 $n\geqslant 2$ 时，$a_n=S_n-S_{n-1}=8n-3$，从而
   $$a_n=\begin{cases} 3, & n=1, \\ 8n-3, & n\geqslant 2. \end{cases}$$

   > **敲黑板** 本题主要考查公式：$a_n=\begin{cases} a_1=S_1, & n=1, \\ S_n-S_{n-1}, & n\geqslant 2. \end{cases}$ 注意不要忘记验证首项，此外，可以记住一个结论：若数列 $\{a_n\}$ 前 n 项和 $S_n=a\cdot n^2+b\cdot n+c$，则 $a_n=2an+(b-a)(n\geqslant 2)$.

2. **【答案】** D

   【解析】 由 $a_n=S_n-S_{n-1}=\left(\dfrac{3}{2}a_n-3\right)-\left(\dfrac{3}{2}a_{n-1}-3\right)$，得 $a_n=3a_{n-1}(n\geqslant 2)$，故数列是公比为 3 的等比数列，又 $a_1=S_1=\dfrac{3}{2}a_1-3 \Rightarrow a_1=6$，故通项 $a_n=2\times 3^n$.

   > **敲黑板** 可以采用特值法，求出 $a_1=6, a_2=18$，验证选项即可.

3. **【答案】** E

   【解析】 $a_n=S_n-S_{n-1}=2\dfrac{S_n^2}{2S_n-1} \Rightarrow 2S_n^2-S_n-2S_nS_{n-1}+S_{n-1}=2S_n^2 \Rightarrow -S_n-2S_nS_{n-1}+S_{n-1}=0$，两边除以 $S_{n-1}S_n \Rightarrow \dfrac{1}{S_n}-\dfrac{1}{S_{n-1}}=2$，所以 $\left\{\dfrac{1}{S_n}\right\}$ 是首项为 2，公差为 2 的等差数列.

   > **敲黑板** 采用特值法，考查数列 $\left\{\dfrac{1}{S_n}\right\}$ 的前三项：$\dfrac{1}{S_1}=\dfrac{1}{a_1}=2, \dfrac{1}{S_2}=4, \dfrac{1}{S_3}=6$.

4. **【答案】** B

   【解析】 化简题干，令 $M=S_{n-1}(S_n-a_1)=S_{n-1}S_n-S_{n-1}a_1$，$N=S_n(S_{n-1}-a_1)=S_nS_{n-1}-S_na_1$，则 $M-N=a_1a_n$. 所以条件(1)不充分，条件(2)充分.

   > **敲黑板** 该题考查 M,N 比较大小，方法 $\begin{cases} ①作差（有共同部分）, \\ ②作商（有公因式）. \end{cases}$

专题二　等差数列

题型一：等差数列的判定

1.【答案】 B

【解析】 由 $4\times16=8^2$，得 $3^a\times3^c=(3^b)^2\Rightarrow3^{a+c}=3^{2b}\Rightarrow a+c=2b$，所以 a,b,c 是等差数列.

敲黑板 直接根据指数的性质进行求解，常用公式 $a^m\cdot a^n=a^{m+n}$，$(a^m)^n=a^{mn}$.

2.【答案】 B

【解析】 条件(1)，当 $a=1$ 时，可得 $x=-\dfrac{1}{2}$，$y=\dfrac{3}{2}$，$z=\dfrac{5}{2}$，则 x,y,z 不成等差数列，不充分；条件(2)，当 $a=0$ 时，可得 $x=-1$，$y=1$，$z=3$，此时 x,y,z 成等差数列，充分.

3.【答案】 D

【解析】 等差数列的定义：$a_{n+1}-a_n$ 为常数，只有 D 选项满足.

敲黑板 因为等差数列的通项 $a_n=a_1+(n-1)d=d\cdot n+(a_1-d)$，当 $d\neq 0$ 时，可以看成关于 n 的一次函数.

4.【答案】 A

【解析】 由条件(1)知 $e^{2b}=e^a\cdot e^c=e^{a+c}$，得 $2b=a+c$，充分；由条件(2)知 $2\ln b=\ln a+\ln c$，得 $b^2=ac$，所以 a,b,c 成等比数列，不充分.

5.【答案】 A

【解析】 等差数列的前 n 项和可以看成二次函数，且常数项为 0.

敲黑板 数列 $\{a_n\}$ 的前 n 项和 $S_n=an^2+bn+c(a\neq0)$，当 $c=0$ 时，$\{a_n\}$ 是等差数列；当 $c\neq 0$ 时，$\{a_n\}$ 从第二项开始成等差数列.

题型二：已知等差数列求参数问题

6.【答案】 B

【解析】 $a_4+a_5=a_1+3d+a_1+4d=4+7d=-3\Rightarrow d=-1$.

7.【答案】 D

【解析】 根据题意，有 $\begin{cases}2a=6+c,\\ 2a^2=36-c^2,\end{cases}$ 解得 $\begin{cases}a=0,\\ c=-6\end{cases}$ 或 $\begin{cases}a=4,\\ c=2.\end{cases}$

8.【答案】 D

【解析】由等差数列的性质有
$$a_2+a_3+a_{10}+a_{11}=(a_2+a_{11})+(a_3+a_{10})=2(a_1+a_{12})=64,$$
因此 $S_{12}=\dfrac{a_1+a_{12}}{2}\times 12=\dfrac{32}{2}\times 12=192.$

> **敲黑板** 采用特值法,将公差看作零,数列每一项都是16,所以前12项和为
> $$16\times 12=192.$$

9.【答案】B

【解析】若 $\{a_n\}$ 为等差数列,则 $a_1a_8<a_4a_5\Leftrightarrow a_1(a_1+7d)<(a_1+3d)(a_1+4d)\Leftrightarrow a_1^2+7a_1d<a_1^2+7a_1d+12d^2\Leftrightarrow 0<12d^2$,则 $d\ne 0$. 故条件(1)不充分,条件(2)充分.

10.【答案】A

【解析】条件(1),由 $d=\dfrac{\dfrac{1}{3}-\dfrac{1}{6}}{6-3}=\dfrac{1}{18}$,$a_{16}=a_6+(16-6)d=\dfrac{8}{9}$,因此 $S_{18}=\dfrac{a_1+a_{18}}{2}\times 18=\dfrac{a_3+a_{16}}{2}\times 18=\dfrac{19}{2}$,充分;同理,条件(2),$S_{18}=\dfrac{57}{4}$,不充分.

> **敲黑板** 灵活使用等差数列前 n 项和公式:$S_n=\dfrac{a_1+a_n}{2}\cdot n=\dfrac{a_m+a_{n+1-m}}{2}\cdot n.$

11.【答案】D

【解析】条件(1),$d=-2$,得到 $a_1+a_2+a_3+a_4=4a_4-6d=12\Rightarrow a_4=0$,充分;条件(2),$a_2+a_4=2a_4-2d=4$,结合 $a_1+a_2+a_3+a_4=4a_4-6d=12$,得到 $a_4=0$,故条件(2)也充分.

12.【答案】C

【解析】条件(1),对任何正整数 n,$a_1+a_2+\cdots+a_n\le n\Rightarrow\dfrac{n(a_1+a_n)}{2}\le n\Rightarrow a_1+(n-1)d\le 2$,$d\le 0$,不充分;条件(2),$d\ge 0$,不充分;条件(1)和条件(2)联合显然充分.

13.【答案】D

【解析】$\displaystyle\sum_{k=1}^{15}a_k=S_{15}=\dfrac{15(a_1+a_{15})}{2}=\dfrac{15\times 2a_8}{2}=15a_8$,又 $5a_7-a_3-12=0$,即 $5(a_8-d)-(a_8-5d)-12=0$,所以 $a_8=3$,因此 $S_{15}=15\times 3=45.$

14.【答案】D

【解析】公差 $d=\dfrac{a_4-a_2}{2}=2$,首项为2,故 $a_n=a_1+(n-1)d=2+(n-1)\cdot 2=2n$,因此
$$\sum_{k=1}^{n}\dfrac{1}{a_ka_{k+1}}=\dfrac{1}{2\times 4}+\dfrac{1}{4\times 6}+\cdots+\dfrac{1}{2n\times 2(n+1)}$$
$$=\dfrac{1}{4}\left[\dfrac{1}{1\times 2}+\dfrac{1}{2\times 3}+\cdots+\dfrac{1}{n\times(n+1)}\right]=\dfrac{1}{4}\left(1-\dfrac{1}{n+1}\right)=\dfrac{5}{21},$$

得 $n=20$.

> **敲黑板** 首先,根据数列中的两项求出公差和首项;然后,写出通项;最后,运用裂项相消法化简求和.

15.【答案】E

【解析】两条件单独显然都不充分,考虑联合,$\begin{cases} a_1+a_6=0, \\ a_1a_6=-1 \end{cases} \Rightarrow \begin{cases} a_1=-1, \\ a_6=1 \end{cases}$ 或 $\begin{cases} a_1=1, \\ a_6=-1 \end{cases}$,因此 $a_n=\dfrac{2}{5}n-\dfrac{7}{5}$ 或 $a_n=-\dfrac{2}{5}n+\dfrac{7}{5}$,数列不能唯一确定,不充分.

> **敲黑板** 本题为陷阱题,容易误选 C 选项.

题型三:等差数列的性质

16.【答案】D

【解析】根据等差数列的性质,$S_n,S_{2n}-S_n,S_{3n}-S_{2n},\cdots$ 仍为等差数列,由题可得 $S_5,S_{10}-S_5,S_{15}-S_{10}$ 仍为等差数列,即 $15,S_{10}-15,120-S_{10}$ 仍为等差数列,则 $S_{10}=55$.

17.【答案】C

【解析】显然两条件单独均不充分,考虑联合,则有 $\dfrac{S_{19}}{T_{19}}=\dfrac{\dfrac{a_1+a_{19}}{2}\times 19}{\dfrac{b_1+b_{19}}{2}\times 19}=\dfrac{a_{10}}{b_{10}}=\dfrac{3}{2}$.

> **敲黑板** 对于两个等差数列,根据本题的推导过程,可以记住结论 $\dfrac{S_{2k-1}}{T_{2k-1}}=\dfrac{a_k}{b_k}$.

18.【答案】D

【解析】由 $a_2-a_5+a_8=9 \Rightarrow a_5=9$,故 $a_1+a_2+\cdots+a_9=9a_5=81$.

> **敲黑板** 可以令各项相等 $\Rightarrow d=0$,则 $a_1=a_2=\cdots=a_n=9$.

19.【答案】B

【解析】根据等差数列的性质 $S_n,S_{2n}-S_n,S_{3n}-S_{2n}$ 仍为等差数列,其公差为 n^2d,则
$$S_6-2S_3=3^2d \Rightarrow d=2.$$

20.【答案】B

【解析】条件(1)明显不充分;条件(2),因为 $a_1+a_2+\cdots+a_9=9a_5$,充分.

题型四：等差数列求平均值

21.【答案】C

【解析】根据题干分析得,前6名同学的平均成绩为95分,则 $\bar{x}=\dfrac{a_1+a_6}{2}=95 \Rightarrow a_1+a_6=190$,同理,前4名同学成绩的平均分为 $\dfrac{388}{4}=97=\dfrac{a_1+a_4}{2} \Rightarrow a_1+a_4=194$,故

$$\begin{cases}a_1+a_6=190 \Rightarrow a_1+a_1+5d=190 \\ a_1+a_4=194 \Rightarrow a_1+a_1+3d=194\end{cases} \Rightarrow \begin{cases}a_1=100 \\ d=-2\end{cases} \Rightarrow a_6=90 \text{ 分}.$$

22.【答案】D

【解析】在1到100之间,能被9整除的整数有 $9,18,27,36,\cdots,99$,它们成等差数列,平均值为 $\dfrac{9+99}{2}=54$.

> **敲黑板** 只要看到等差数列求平均值马上写 $\bar{x}=\dfrac{\text{首项}+\text{末项}}{2}$.

专题三　等比数列

题型一：等比数列的基本定义及性质

1.【答案】A

【解析】由 $2,2^x-1,2^x+3$ 成等比数列,令 $t=2^x$,得

$$2(t+3)=(t-1)^2 \Rightarrow 2t+6=t^2-2t+1 \Rightarrow t^2-4t-5=0,$$

因此得到 $t=5$ 或 -1(舍),从而 $x=\log_2 5$.

> **敲黑板** 根据等比数列列出等式,为运算简便,先进行换元,对于指数函数,进行 $t=a^x$ 换元时,要注意 $t>0$.

2.【答案】E

【解析】每个正方形面积为前一个正方形面积的 $\dfrac{1}{2}$,从而有 P_6 的面积为 $\left(\dfrac{1}{2}\right)^6 a^2 = \dfrac{a^2}{64}$.

> **敲黑板** 本题的关键点在于找到前后两个面积的比值,作为数列的公比,然后根据项数求解数值.

3.【答案】A

【解析】$S_2+S_5=2S_8 \Leftrightarrow 1-q^2+1-q^5=2(1-q^8)$，即 $2q^6-q^3-1=0$，则 $q^3=-\dfrac{1}{2}$ 或 1（舍），解得 $q=-\dfrac{\sqrt[3]{4}}{2}$.

> **敲黑板** 本题的次方较高，运算的时候要细心些，当然，列完方程也可以不用直接求解，只需验证两个条件的数值即可，也可以利用公式 $S_n-S_m=a_{m+1}+a_{m+2}+\cdots+a_n$ 将求和转化为数列的项进行求解.

4.【答案】C

【解析】令 $x=2$，则
$$a_1+2a_2+3a_3+\cdots+na_n=a_1(2-1)+2a_2(2-1)^2+\cdots+na_n(2-1)^n$$
$$=3+3^2+\cdots+3^n=\dfrac{3(1-3^n)}{1-3}=\dfrac{3^{n+1}-3}{2}.$$

> **敲黑板** 采用特值法，令 $x=2,n=1$，有 $a_1=3$，排除其他选项后选 C.

5.【答案】B

【解析】条件(1)，$a_n^2=2^{2n}$，故 $a_1^2+a_2^2+a_3^2+\cdots+a_n^2=4+4^2+4^3+\cdots+4^n=\dfrac{4}{3}(4^n-1)$，不充分；条件(2)，由 $S_n=a_1+a_2+a_3+\cdots+a_n=2^n-1$，有 $a_n=S_n-S_{n-1}=2^{n-1}(n\geqslant 2)$，当 $n=1$ 时，$a_1=1$ 也满足通项公式，从而 $a_n^2=2^{2n-2}$，即 $a_1^2+a_2^2+a_3^2+\cdots+a_n^2=1+4+4^2+\cdots+4^{n-1}=\dfrac{1}{3}(4^n-1)$，充分.

> **敲黑板** 特值验证法，取 $n=1$，由条件(1)，$a_1=2$，而不满足题干，故不充分.

6.【答案】A

【解析】设第 n 次着地的下落距离为 a_n. 第一次着地，下落距离为 $a_1=100$ 米；第二次着地，下落距离为 $a_2=\dfrac{1}{2}a_1=50$（米），但走了两个 a_2 的距离；$\{a_n\}$ 显然为 $a_1=100$，$q=\dfrac{1}{2}$ 的等比数列，因此当它第 10 次着地时，共经过的路程为 $a_1+2a_2+\cdots+2a_{10}=100+2\times\dfrac{50\times\left[1-\left(\dfrac{1}{2}\right)^9\right]}{1-\dfrac{1}{2}}\approx 300$（米）.

> **敲黑板** 因为高度越来越低，所以只需考虑前几次的路程，进行估算，发现路程会大于 250 米，排除其他选项，选 A.

7.【答案】C

【解析】根据等比数列的性质,有 $a_4 a_7 = a_3 a_8 = \dfrac{-18}{3} = -6$.

8.【答案】B

【解析】$a_3^2 + 2a_3 a_5 + a_5^2 = 25$,即 $(a_3 + a_5)^2 = 25$,又 $a_1 > 0$,所以 $a_3 + a_5 = 5$.

> 敲黑板 可记住结论:对于等比数列,有 $a_{m-k} a_{m+k} = a_m^2$.

9.【答案】E

【解析】条件(1)显然不充分;条件(2),$a_1 a_3 = a_2^2 = 4 \Rightarrow a_2 = \pm 2$,不充分;考虑联合,可得 $\begin{cases} a_1 = 1, \\ a_3 = 4 \end{cases}$ 或 $\begin{cases} a_1 = 4, \\ a_3 = 1, \end{cases}$ 因此 $a_2 = \pm 2$,不充分.

10.【答案】D

【解析】条件(1),$a_3 + a_5 = (a_2 + a_4) q = 40$,充分;条件(2),$a_2 + a_4 = (a_1 + a_3) q \Rightarrow q = 2$,同条件(1),充分.

11.【答案】D

【解析】取任意四边形各边中点构建新的四边形,则 $\dfrac{\text{新四边形面积}}{\text{原四边形面积}} = \dfrac{1}{2}$,即 $\dfrac{S_{\text{四边形} A_2 B_2 C_2 D_2}}{S_{\text{四边形} A_1 B_1 C_1 D_1}} = \dfrac{1}{2}$,故 $S_1, S_2, S_3, \cdots$ 可以看成首项为12、公比为 $\dfrac{1}{2}$ 的无穷递减等比数列,根据无穷递减等比数列前 n 项和公式得 $S_1 + S_2 + S_3 + \cdots = \dfrac{12}{1 - \dfrac{1}{2}} = 24$.

12.【答案】C

【解析】条件(1)显然不充分,条件(2)显然也不充分.

条件(1)和条件(2)联合,有 $\begin{cases} a_n a_{n+1} > 0, \\ a_{n+1}^2 - a_n a_{n+1} - 2 a_n^2 = 0 \end{cases} \Rightarrow (a_{n+1} + a_n)(a_{n+1} - 2 a_n) = 0 \Rightarrow \dfrac{a_{n+1}}{a_n} = 2$,充分.

题型二:等差数列与等比数列相结合出题

13.【答案】E

【解析】将原式两边乘以3,采用错位相减法求解:

$\begin{cases} S_n = 3 + 2 \times 3^2 + 3 \times 3^3 + 4 \times 3^4 + \cdots + n \times 3^n, \\ 3 S_n = 3^2 + 2 \times 3^3 + 3 \times 3^4 + \cdots + (n-1) \times 3^n + n \times 3^{n+1} \end{cases} \xrightarrow{\text{两式相减}}$

$-2 S_n = 3 + 3^2 + 3^3 + 3^4 + \cdots + 3^n - n \times 3^{n+1} = \dfrac{3(1 - 3^n)}{1 - 3} - n \times 3^{n+1}$,

得 $$S_n = \frac{3(1-3^n)}{4} + \frac{n \cdot 3^{n+1}}{2}.$$

敲黑板 (1)若 $c_n = a_n b_n$,其中 a_n 为等差数列,b_n 为等比数列,在求 c_n 的前 n 项和时,可以按照此题的错位相减法求解;
(2)遇到与 n 相关的命题,可以取特值验证选项,当 $n=1$ 时,$S_1=3$;当 $n=2$ 时,$S_2=21$,只有 E 选项满足.

14.【答案】B

【解析】由 $\alpha^2, 1, \beta^2$ 成等比数列,得 $\alpha^2 \beta^2 = 1 \Rightarrow \alpha\beta = \pm 1$;由 $\frac{1}{\alpha}, 1, \frac{1}{\beta}$ 成等差数列,得到 $\frac{1}{\alpha} + \frac{1}{\beta} = 2 \Rightarrow \alpha + \beta = 2\alpha\beta$,将其代入原式化简,则

$$\frac{\alpha+\beta}{\alpha^2+\beta^2} = \frac{2\alpha\beta}{(\alpha+\beta)^2 - 2\alpha\beta} = \frac{2\alpha\beta}{(2\alpha\beta)^2 - 2\alpha\beta} = \frac{1}{2\alpha\beta - 1} = \begin{cases} 1, & \alpha\beta = 1, \\ -\frac{1}{3}, & \alpha\beta = -1. \end{cases}$$

敲黑板 本题已知参数成等差数列和等比数列,来求解相应的表达式,需要注意的是,要根据符号分为两种情况讨论.

15.【答案】A

【解析】由第 3,4,7 项构成等比数列,得到 $a_3 a_7 = a_4^2$,故 $(a_4 - d)(a_4 + 3d) = a_4^2 \Rightarrow a_4 = 1.5d$,则

$$\frac{a_2 + a_6}{a_3 + a_7} = \frac{2a_4}{2a_5} = \frac{a_4}{a_5} = \frac{1.5d}{2.5d} = \frac{3}{5}.$$

敲黑板 本题命题思路:通过等差数列中的某些项成等比数列,可以解出公差 d,再代入表达式中化简求解,同时使用了等差数列的性质:$a_{m-k} + a_{m+k} = 2a_m$.

16.【答案】B

【解析】由 $a_3 = 2$ 和 $a_{11} = 6$,得到公差 $d = \frac{1}{2}$,故 $a_2 = a_3 - d = \frac{3}{2}$,$a_{26} = a_{11} + 15d = \frac{27}{2}$,又因为 $b_2 = a_3 = 2, b_3 = \frac{1}{a_2} = \frac{2}{3}$,故公比 $q = \frac{b_3}{b_2} = \frac{1}{3}$,则 $b_n = b_2 q^{n-2} = 2 \times \left(\frac{1}{3}\right)^{n-2} > \frac{2}{27} \Rightarrow n < 5$,最大取 4.

敲黑板 本题涉及考点和公式较多,首先根据等差数列中的两项求出公差,借助公式 $a_n = a_m + (n-m)d$ 可以求出其他项;然后根据等比数列中的两项求出公比,借助公式 $a_n = a_m \cdot q^{n-m}$ 求出通项;最后根据不等式求出 n 的取值范围.

17.【答案】B

【解析】由 $\sqrt{2}-1, a\sqrt{3}, \sqrt{2}+1$ 成等差数列,得 $\sqrt{2}-1+\sqrt{2}+1 = 2a\sqrt{3} \Rightarrow a = \frac{\sqrt{6}}{3}$,又由 $\sqrt{2}-1, \frac{a\sqrt{6}}{2}$,

$\sqrt{2}+1$ 成等比数列,得 $(\sqrt{2}-1)(\sqrt{2}+1)=\dfrac{3a^2}{2}\Rightarrow a=\pm\dfrac{\sqrt{6}}{3}$,综上可得 $a=\dfrac{\sqrt{6}}{3}$.

18.【答案】E

【解析】此题用特值法较为简单.条件(1),取 $a=b=1$,则 $a^2,1,b^2$ 为等差数列,但 $\dfrac{a+b}{a^2+b^2}=1$,不充分;条件(2),取 $a=b=1$,则 $\dfrac{1}{a},1,\dfrac{1}{b}$ 成等比数列,但 $\dfrac{a+b}{a^2+b^2}=1$,不充分.联合条件(1)和条件(2),同样取 $a=b=1$,这时条件(1)和条件(2)都满足,但题目的结论并不成立,所以这两个条件单独或者联合起来都是不充分的.

19.【答案】E

【解析】因为 c 的值不知道,所以两条件单独均不充分,两条件亦无法联合,只能选 E.

20.【答案】C

【解析】原式 $=\dfrac{1-\left(\dfrac{1}{2}\right)^8}{\dfrac{0.1+0.9}{2}\times 9}=\dfrac{1-\left(\dfrac{1}{2}\right)^8}{\dfrac{9}{2}}=\dfrac{85}{384}$.

> 敲黑板 可记住结论:$\dfrac{1}{2}+\left(\dfrac{1}{2}\right)^2+\left(\dfrac{1}{2}\right)^3+\cdots+\left(\dfrac{1}{2}\right)^n=1-\left(\dfrac{1}{2}\right)^n$.

21.【答案】B

【解析】条件(1),$\{a_n\}$ 为等差数列,$a_1=70,a_6=220$,数值太大,显然不充分;条件(2),$\{a_n\}$ 为等比数列,$a_1=2,q=2,S_6=\dfrac{2(1-2^6)}{1-2}=126$,充分.

> 敲黑板 条件(1),数列每项都是 10 的倍数,故求和也是 10 的倍数,故不充分;条件(2),利用结论:首项为 2,公比也为 2 的等比数列前 n 项和公式为 $S_n=2(2^n-1)$,充分.

22.【答案】A

【解析】根据第 2 行成等差数列,故 $x+\dfrac{3}{2}=\dfrac{5}{2}\Rightarrow x=1$,根据第 2 列和第 3 列成等比数列,得 $y\cdot\dfrac{5}{2}=\dfrac{25}{16}\Rightarrow y=\dfrac{5}{8},z\cdot\dfrac{3}{2}=\dfrac{9}{16}\Rightarrow z=\dfrac{3}{8}$,故 $x+y+z=2$.

> 敲黑板 此题采用表格法进行命题,比较新颖,由于本题未知数较多,运算的时候要细心.

23.【答案】C

【解析】两条件单独显然均不充分,考虑联合,由于 $a_2>0$,可得等比数列 $\{a_n\}$ 的公比 $q>0$,且各项均为正数,由 $\begin{cases}a_{10}=q^9,\\ b_{10}=1+9d,\end{cases}$ 又因为 $a_{10}=b_{10}$,所以 $1+9d=q^9>0,d=\dfrac{q^9-1}{9}$,由平均值定理,可

得 $b_2=1+d=\dfrac{q^9+8}{9}=\dfrac{q^9+1+1+\cdots+1}{9}\geqslant\sqrt[9]{q^9}=q=a_2$,充分.

24.【答案】C

【解析】两条件单独显然都不充分,考虑联合,既为等差数列又为等比数列的数列只有非零的常数列,因此可得三人的年龄相同,充分.

题型三:数列最值问题

25.【答案】C

【解析】由 $a_5<0,a_6>0$,且 $a_6>|a_5|$,有 $S_9=\dfrac{a_1+a_9}{2}\times 9=\dfrac{2a_5}{2}\times 9=9a_5<0$,而

$$S_{10}=\dfrac{a_1+a_{10}}{2}\times 10=\dfrac{a_5+a_6}{2}\times 10>0,$$

故 $S_1,S_2,\cdots,S_9$ 均小于 0,而 $S_{10},S_{11},\cdots$ 均大于 0.

> **敲黑板** 在等差数列中,若 $a_5<0,a_6>0$,不能类推出 $S_5<0,S_6>0$. 此外,本题还用到了等差数列的性质:$a_m+a_n=a_k+a_t(m+n=k+t)$. 可记住本题的结论:$a_n<0,a_{n+1}>0$,且 $a_{n+1}>|a_n|$,则 $S_1,S_2,\cdots,S_{2n-1}$ 均小于 0,$S_{2n},S_{2n+1},\cdots$ 均大于 0.

26.【答案】D

【解析】由题干 $d>0$ 知 $\{a_n\}$ 为递增的等差数列.

条件(1),$a_{10}=0$,则 $a_1,a_2,\cdots,a_9$ 均小于 0,$a_{11},a_{12},\cdots,a_n$ 均大于 0 $\Rightarrow \begin{cases} n=9\text{ 时},S_9=S_{10}, \\ n\neq 9,10\text{ 时},S_n>S_{10}, \end{cases}$ 充分;

条件(2),$a_{11}a_{10}<0 \Rightarrow a_{10}<0,a_{11}>0,a_1,a_2,\cdots,a_9$ 均小于 0,$a_{12},a_{13},\cdots,a_n$ 均大于 0

$\Rightarrow \begin{cases} n=10\text{ 时},S_{10}=S_{10}, \\ n\neq 10\text{ 时},S_n>S_{10}, \end{cases}$ 充分.

27.【答案】D

【解析】设甲、乙、丙三人的年收入分别为 a,b,c,则 $ac=b^2,b=\sqrt{ac}$.

条件(1),已知 $a+c$,和为定值,则积有最大值,条件(1)充分;

条件(2),可以直接确定乙的值,乙为常数,则常数本身即为最大值,因此条件(2)也充分.

28.【答案】E

【解析】已知 $a_2+a_4=a_1 \Rightarrow a_1+4d=0 \Rightarrow a_5=0$,因此 $S_4=S_5$,前 n 项和的最大值为 $\dfrac{5(a_1+a_5)}{2}=\dfrac{5(8+0)}{2}=5\times 4=20$.

题型四:数列递推性

29.【答案】A

【解析】条件(1),数列是首项为 1,公差为 2 的等差数列,则 $S_k=k^2,S_{2k}-S_k=3k^2$,得到 $\frac{a_1+a_2+\cdots+a_k}{a_{k+1}+a_{k+2}+\cdots+a_{2k}}=\frac{S_k}{S_{2k}-S_k}=\frac{1}{3}$,充分;条件(2),数列是首项为 2,公差为 2 的等差数列,则 $S_k=k(k+1),S_{2k}-S_k=k(3k+1)$,比值与 k 有关,显然不充分.

敲黑板 解题的关键是看出 $a_1+a_2+\cdots+a_k=S_k$,$a_{k+1}+a_{k+2}+\cdots+a_{2k}=S_{2k}-S_k$,然后利用通项,将 S_k 和 $S_{2k}-S_k$ 分别表示为关于 k 的表达式.

30.【答案】C

【解析】显然两条件单独均不充分,考虑联合,先由条件(2),得到 $a_3=3a_2=6a_1$,再由条件(1),$a_3=2$,得到 $a_1=\frac{1}{3}$.

敲黑板 此题比较简单,先找到 a_3 与 a_1 的关系式,再由 a_3 的数值,得到 a_1 的数值.

31.【答案】B

【解析】对形如 $a_{n+1}=qa_n+m$ 的递推公式,令 $c=\frac{m}{q-1}$,则 $a_n=(a_1+c)q^{n-1}-c$.

条件(1),$x_{n+1}=\frac{1}{2}(1-x_n)=-\frac{1}{2}x_n+\frac{1}{2} \Rightarrow c=\frac{\frac{1}{2}}{-\frac{1}{2}-1}=-\frac{1}{3}$,则 $x_n=\left(\frac{1}{2}-\frac{1}{3}\right)\times\left(-\frac{1}{2}\right)^{n-1}+$

$\frac{1}{3}=\frac{1}{6}\times\left(-\frac{1}{2}\right)^{n-1}+\frac{1}{3}$,不充分.

条件(2),$x_{n+1}=\frac{1}{2}(1+x_n)=\frac{1}{2}x_n+\frac{1}{2} \Rightarrow c=\frac{\frac{1}{2}}{\frac{1}{2}-1}=-1$,故 $x_n=\left(\frac{1}{2}-1\right)\left(\frac{1}{2}\right)^{n-1}+1=1-\frac{1}{2^n}$,

充分.

32.【答案】D

【解析】条件(1),$a_1=\sqrt{2}$,可得 $a_2=\frac{a_1+2}{a_1+1}=1+\frac{1}{a_1+1}=1+\frac{1}{\sqrt{2}+1}=\sqrt{2}$,同理 $a_3=a_4=\sqrt{2}$,充分;

条件(2),$a_1=-\sqrt{2}$,可得 $a_2=1+\frac{1}{-\sqrt{2}+1}=-\sqrt{2}$,同理 $a_3=a_4=-\sqrt{2}$,充分.

敲黑板 a_n 与 a_{n+1} 或 a_{n-1} 的关系式称为递推公式,一般通过递推公式可以找到前几项数值的规律,从而判断后面项的数值.

33.【答案】D

【解析】寻找数字变化规律.条件(1),此数列为 $1,2,1,1,0,1,1,0,\cdots$,所以后面任意连续三项之和为2,充分;条件(2),此数列为1,$k,k-1,1,k-2,k-3,1,k-4,k-5,1,\cdots,k-k,1,1,0,1,1,$
0,$\cdots$,所以后面任意连续三项之和也为2,充分.

> **敲黑板** 本题关键在于根据题干给出的递推公式寻找数字变化的规律,进而得到数列各项的值.

34.【答案】B

【解析】由题意,$a_2-a_1=\dfrac{1}{3},a_3-a_2=\dfrac{2}{3},a_4-a_3=\dfrac{3}{3},\cdots,a_{100}-a_{99}=\dfrac{99}{3}$,将这些等式相加,可得
$a_{100}-a_1=\dfrac{1+2+3+\cdots+99}{3}=1\,650$,因此 $a_{100}=1\,651$.

> **敲黑板** 递推公式形如 $a_{n+1}-a_n=f(n)$ 的数列,求其中某一项的方法是——列举、上下相加.

35.【答案】E

【解析】由题意,$a_2=\dfrac{a_1+2}{a_1+1}$ 且 $a_2>a_1$,则
$$\dfrac{a_1+2}{a_1+1}>a_1\Rightarrow\dfrac{-a_1^2+2}{a_1+1}>0\Leftrightarrow(a_1+1)(a_1^2-2)<0,$$
故 $-1<a_1<\sqrt{2}$ 或 $a_1<-\sqrt{2}$.

> **敲黑板** 利用递推公式求出 a_2 的表达式,再利用 a_2 与 a_1 之间的关系求 a_1 的取值范围.

36.【答案】A

【解析】条件(1),$a_n\geqslant a_{n+1},n=1,2,\cdots,9$,所以 $(a_1-a_2)+(a_3-a_4)+\cdots+(a_9-a_{10})\geqslant 0$,充分;
条件(2),$a_n^2\geqslant a_{n+1}^2,n=1,2,\cdots,9$,可以得到 $a_n\leqslant-a_{n+1}$,不充分.

37.【答案】A

【解析】$a_{n+1}=2a_n+1\Rightarrow c=\dfrac{1}{2-1}=1\Rightarrow a_n=(0+1)\times 2^{n-1}-1\Rightarrow a_{100}=2^{99}-1$.

> **敲黑板** 考生需熟记:若 $a_{n+1}=qa_n+m$,令 $c=\dfrac{m}{q-1}$,则 $a_n=(a_1+c)q^{n-1}-c$.

38.【答案】B

【解析】利用数列递推公式求通项,
$a_3=a_2-a_1=2-1=1,a_4=a_3-a_2=1-2=-1,a_5=a_4-a_3=-1-1=-2,$
$a_6=a_5-a_4=-2+1=-1,a_7=a_6-a_5=-1+2=1,a_8=a_7-a_6=1+1=2,$
可知数列为循环数列,每六项循环一次,因此 $100=6\times 16+4,a_{100}=-1$.

题型五：数列有关的文字应用题

39.【答案】 C

【解析】设每年拆除的危旧房面积为 x 平方米，

第 1 年后：$a(1+0.1)-x=1.1a-x$；

第 2 年后：$[a(1+0.1)-x](1+0.1)-x=1.1^2a-1.1x-x$；

……

则 10 年后：$1.1^{10}a-1.1^9x-1.1^8x-\cdots-1.1x-x=1.1^{10}a-\dfrac{1-1.1^{10}}{1-1.1}x=2a$，

即 $2.6a-16x=2a$，解得 $x=\dfrac{3}{80}a$.

> **敲黑板** 本题难度和运算量都较大，其突破口是写出前几年的表达式，寻找数字规律．

40.【答案】 B

【解析】根据等差数列写出每一年招生的人数：2001 年为 2 000；2002 年为 2 200；2003 年为 2 400；2004 年为 2 600；2005 年为 2 800；2006 年为 3 000；2007 年为 3 200. 因为四年制大学，未毕业的在校生人数为后四年之和 $2\,600+2\,800+3\,000+3\,200=11\,600$.

> **敲黑板** 等差数列只要确定首项和公差，就可以进行求和，需要注意的是，已经毕业的学生不能计算在内．

41.【答案】 A

【解析】第一天取出 $\dfrac{2}{3}M$ 元，第二天取出 $\dfrac{2}{3}\times\dfrac{1}{3}\times M=\dfrac{2}{9}M$(元)，第三天取出 $\dfrac{2}{3}\times\dfrac{1}{3}\times\dfrac{1}{3}\times M=\dfrac{2}{27}M$(元)，…，故最后剩余的现金为 $M\left\{1-\left[\dfrac{2}{3}+\dfrac{2}{9}+\dfrac{2}{27}+\cdots+\dfrac{2}{3}\times\left(\dfrac{1}{3}\right)^6\right]\right\}=\dfrac{M}{3^7}$(元).

> **敲黑板** 首先找出每天取出金额与前一天的关系，作为等比数列的公比，然后根据总数减去每天取出的得到剩下的现金．

42.【答案】 C

【解析】首期付款 100 万元之后每月付款 50 万元，这样需要还款 20 个月，每期除 50 万元本金以外，额外需还利息，且每期利息

$$a_1=1\,000\times1\%(万元),\ a_2=(1\,000-50)\times1\%(万元),\cdots,a_{20}=50\times1\%(万元),$$

则有

$$S=1\,100+(1\,000+950+900+850+800+\cdots+50)\times1\%$$
$$=1\,100+\dfrac{(1\,000+50)\times20\times1\%}{2}=1\,205(万元).$$

43.【答案】E

【解析】因为甲、乙、丙三种货车的载重量成等差数列,所以设乙车载重量为 a,则甲车载重量为 $a-d$,丙车载重量为 $a+d$,由题干可列式 $\begin{cases} 2(a-d)+a=95, \\ (a-d)+3(a+d)=150, \end{cases}$ 解得 $a=35$ 吨,根据等差数列的性质,因为 a 为等差中项,所以三项的和为 $3a=105$(吨).

> **敲黑板** 三个数成等差数列,可设这三个数分别为 $a-d, a, a+d$;
>
> 四个数成等差数列,可设这四个数分别为 $a-3d, a-d, a+d, a+3d$.

44.【答案】C

【解析】设甲、乙、丙拥有图书的数量分别为 a, b, c,则 $a+2, b, c$ 为等比数列 $\Rightarrow b^2=(a+2)\times c$. 条件(1)不充分,条件(2)也不充分,两条件联合,乙定值,丙定值,则甲为定值.

45.【答案】C

【解析】设三个人的年龄分别为 $a-d, a, a+d$,则 $[(a+d)-(a-d)]\times 10=a \Rightarrow a=20d$,则年龄最大的为 $21d$,又因为年龄取正整数,故最大年龄为 21.

第三部分 几 何

第六章 平面几何

专题一 三角形

题型一：求长度问题

1. 【答案】B

   【解析】该题考查求解三角形的边长.

   设斜边与一直角边的长度分别为 c,a，则 $\begin{cases} c+a=8, \\ c-a=2 \end{cases} \Rightarrow c=5, a=3$，因此另一直角边的长度为 4.

   > **敲黑板** 根据题意列出方程，求解边长. 遇到直角三角形，一般采用勾股定理分析，本题可以采用勾股数 3,4,5 进行分析.

2. 【答案】A

   【解析】条件(1)，由三角形面积公式可得 $PQ \cdot RS = QR \cdot PR = 12$，充分. 显然条件(2)不充分，故选 A.

   > **敲黑板** 该题容易错选 D，条件(2)，$PQ=5$，容易利用勾股定理，但是条件(2)没有说明两条直角边的长度是整数，故不充分.

3. 【答案】D

   【解析】该题考查距离的计算. 分析可知 AD 是 Rt△ABC 边 BC 上的高，根据三角形的面积相等的原理，$AB \cdot AC = BC \cdot AD$，又 $AB=5$ km，$AC=12$ km，所以 $BC=13$ km，故 $AD = \dfrac{5 \times 12}{13} \approx 4.62$ (km).

   > **敲黑板** 在直角三角形中要熟知面积公式及其推论：两直角边的乘积等于斜边与高的乘积.

4. 【答案】A

   【解析】该题考查通过面积求长度问题.

   $$S_{甲} = S_{半圆} - S_{空白}, S_{乙} = S_{\triangle ABC} - S_{空白} \Rightarrow S_{甲} - S_{乙} = S_{半圆} - S_{\triangle ABC}.$$

   由 $S_{半圆} - S_{\triangle ABC} = \dfrac{1}{2}\pi \times 20^2 - \dfrac{1}{2}BC \times 40 = 28$，得 $BC=30$ cm.

5.【答案】D

【解析】该题考查利用梯形面积求长度问题.条件(1),有 $\dfrac{x}{x+10}=\dfrac{13}{23}$,则 $x=13$,充分;

条件(2),梯形面积为
$$S=\dfrac{(x+x+10)\sqrt{x^2-5^2}}{2}=216,$$

则 $x=13$,充分.

6.【答案】A

【解析】该题考查利用三角形相似求长度问题.观察图形找出与 a, b, c 有关的直角三角形,如图所示,利用三角形相似可得

$$\dfrac{c}{a-b}=\dfrac{a-c}{b}\Rightarrow a=b+c.$$

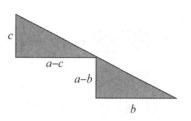

> 敲黑板 已知图形,求解长度问题时可以直接用直尺测量,选 A.

7.【答案】B

【解析】该题考查求弧长问题.由 $\angle BOC=2\angle ACO=\dfrac{\pi}{3}$,故 BC 弧长为 $\dfrac{6\pi}{6}=\pi$,选 B.

> 敲黑板 首先求出圆心角,然后根据弧长公式计算 $l=\dfrac{n°}{360°}\times 2\pi r$.

8.【答案】D

【解析】该题考查利用三角形相似求长度问题.根据题意,因 $DE\parallel BC$,则 △ADE 相似于 △ABC,

$$S_{\triangle ABC}=\dfrac{4\times 3}{2}=6,\ S_{\text{梯形}BCED}=3,$$

所以 $S_{\triangle ADE}=6-3=3$,根据相似得到 $\dfrac{S_{\triangle ADE}}{S_{\triangle ABC}}=\left(\dfrac{DE}{BC}\right)^2=\dfrac{1}{2}\Rightarrow DE=\dfrac{3}{2}\sqrt{2}$.

9.【答案】D

【解析】连接 AE,在等腰三角形 ABC 中,由 E 是 BC 的中点,得 $AE\perp BC$,在 Rt△AEC 中,$AE^2+EC^2=AC^2$,得到 $AE=4$,由于 $EF\perp AC$,因此 Rt△AEC 相似于 Rt△EFC $\Rightarrow\dfrac{AC}{EC}=\dfrac{AE}{EF}\Rightarrow EF=2.4$.

> 敲黑板 在求解长度时,利用直角三角形的勾股定理和三角形相似求解分析.

10.【答案】A

【解析】由题意可知,△ABC 为直角三角形.条件(1),已知 BC 的长,则根据相似,有 $\dfrac{OD}{BC}=\dfrac{1}{2}$,得 $OD=\dfrac{1}{2}BC$,充分;

条件(2),已知 AO 的长,可知 AB 的长,但不知 AC 的长,所以无法确定 OD 的长,不充分.

11.【答案】D

【解析】该题考查旋转、求长度问题.

点 A 经过的路径是两段圆弧,第一段为以长边 B 的另一端点为圆心经过 $90°$ 的弧,第二段为以含有点 B 的长边与桌面重合开始以 B 为圆心经过 $60°$ 的弧,故点 A 经过的路径长为

$$\frac{90°}{360°} \times 2\pi \times \sqrt{8^2+6^2} + \frac{60°}{360°} \times 2\pi \times 6 = 7\pi \text{(cm)}.$$

敲黑板 找出点 A 在图形旋转过程中的运动轨迹,再根据轨迹图形求解.

12.【答案】C

【解析】该题考查利用三角形相似求长度问题. 由 $\triangle AED$ 与 $\triangle CEB$ 相似,则 $\frac{AE}{CE} = \frac{DE}{BE} = \frac{AD}{CB} = \frac{5}{7}$. ME 平行于 $AD \Rightarrow \triangle MBE$ 相似于 $\triangle ABD \Rightarrow \frac{BE}{BD} = \frac{ME}{AD} = \frac{7}{12} \Rightarrow ME = \frac{35}{12}$. 同理 $NE = \frac{35}{12}$. 所以 $MN = ME + NE = \frac{35}{6}$.

敲黑板 万能公式: $MN = \frac{2AD \times BC}{AD + BC}$.

13.【答案】C

【解析】该题考查三角形外心求长度问题.

条件(1),当三点共线时,不存在到三点距离相等的点,不充分;

条件(2),任意三点不共线,可能性很多,不充分.

条件(1)与条件(2)联合,只有三个点且不共线,所以在同一个圆周上,即为三角形外接圆,则圆心到三点距离相等,充分.

敲黑板 三角形的外心(外接圆圆心)到三角形三个顶点的距离相等,等于外接圆半径.

14.【答案】A

【解析】该题考查利用三角形内心求长度问题. 根据公式,内切圆半径为

$$r = \frac{2S_{\triangle ABC}}{\triangle ABC \text{ 的周长}} = 2 \times \frac{1}{2} = 1,$$

则圆的面积为 $\pi r^2 = \pi$.

敲黑板 考生熟记公式:(1)内切圆半径 $r = \frac{2S_{\triangle ABC}}{\triangle ABC \text{ 的周长}}$;(2)直角三角形内切圆半径 $r = \frac{a+b-c}{2}(a,b$ 分别为两条直角边长,c 为斜边长$)$.

15. **【答案】** B

    【解析】 该题考查利用三角形中线的性质求长度问题.可以直接用公式
    $$AD=\sqrt{\frac{AB^2}{2}+\frac{AC^2}{2}-\frac{BC^2}{4}}=\sqrt{10}.$$

16. **【答案】** C

    【解析】 该题考查利用三角形的外心求外接圆半径问题.根据正弦定理,可知
    $$\frac{BC}{\sin A}=2R \Rightarrow R=3\sqrt{2}.$$

> **敲黑板** 考生应熟记利用正弦定理求外接圆半径的公式:$\frac{BC}{\sin A}=\frac{AB}{\sin C}=\frac{AC}{\sin B}=2R$.

题型二：判断三角形形状

17. **【答案】** A

    【解析】 因为 $a=c=1$,所以 $(b-x)^2-4(a-x)(c-x)=(b-x)^2-4(1-x)^2=0$,整理得 $3x^2+(2b-8)x+4-b^2=0$,方程有相同实根,因此判别式 $\Delta=(2b-8)^2-4\times 3(4-b^2)=0 \Rightarrow b=1$,故 $\triangle ABC$ 为等边三角形.

18. **【答案】** C

    【解析】 由 $a^2+b^2+c^2=ab+ac+bc$,得 $2a^2+2b^2+2c^2-2ab-2ac-2bc=0$,即
    $$(a-b)^2+(b-c)^2+(c-a)^2=0 \Rightarrow a=b=c,$$
    所以 $\triangle ABC$ 为等边三角形.

> **敲黑板** 观察发现,当 $a=b=c$ 时,满足 $a^2+b^2+c^2=ab+ac+bc$,则 $\triangle ABC$ 为等边三角形.

19. **【答案】** A

    【解析】 由条件(1)得,$a^2+b^2+c^2=ab+bc+ac \Rightarrow \frac{1}{2}[(a-b)^2+(b-c)^2+(c-a)^2]=0$,即 $a=b=c$,充分；

    由条件(2)得,$a^3-a^2b+ab^2+ac^2-b^3-bc^2=a(a^2-ab+b^2)+(a-b)c^2-b^2=0$,若假定 $a=b \Rightarrow a^3-a^2=a^2(a-1)=0$,推不出 $a=b=c$,不充分.

20. **【答案】** C

    【解析】 条件(1),$(a-b)(c^2-a^2-b^2)=0 \Rightarrow a=b$ 或 $c^2=a^2+b^2$,即 $\triangle ABC$ 是等腰三角形或直角三角形,不充分；

    条件(2),显然不充分.

    条件(1)和条件(2)联合有

$$\begin{cases} a=b, \\ c=\sqrt{2}b \end{cases} \text{或} \begin{cases} c^2=a^2+b^2, \\ c=\sqrt{2}b \end{cases} \Rightarrow \begin{cases} a=b, \\ b=b, \\ c=\sqrt{2}b, \end{cases} \text{或} \begin{cases} a=b, \\ b=b, \\ c=\sqrt{2}b, \end{cases}$$

即 $\begin{cases} a=b, \\ b=b, \\ c=\sqrt{2}b, \end{cases}$ 则 $\begin{cases} a=b, \\ c^2=a^2+b^2, \end{cases}$ 故三角形 ABC 为等腰直角三角形,充分.

21.【答案】B

【解析】根据条件(1),$c^2=a^2+b^2$ 或 $a^2=b^2$,即△ABC 为直角三角形或等腰三角形,不充分;
根据条件(2),$S_{\triangle ABC}=\frac{1}{2}ab\sin C=\frac{1}{2}ab$,说明 $\sin C=1$,即 $\angle C=\frac{\pi}{2}$,故△ABC 是直角三角形,充分,选 B.

22.【答案】E

【解析】三条线段能构成三角形的充分条件是任意两边之和大于第三边或任意两边之差小于第三边,而两个条件只给出两种情况,故均不充分,联合也不充分.

23.【答案】B

【解析】根据三边关系可得 $\frac{a}{\sin A}=\frac{b}{\sin B}=\frac{c}{\sin C} \Rightarrow \frac{c}{a}=\frac{\sin C}{\sin A}$.

由条件(1)可得,$\angle C<90° \Rightarrow \angle A>30° \Rightarrow \frac{c}{a}=\frac{\sin C}{\sin A}<2$,不充分;

由条件(2)可得,$\angle C>90° \Rightarrow \angle A<30° \Rightarrow \frac{c}{a}=\frac{\sin C}{\sin A}>2$,充分.

专题二 三角形求面积

题型:三角形面积的计算

1.【答案】D

【解析】四边形内角和为 $360°$,由已知可得 $\angle A=45°$,$\angle ADC=150°$,又已知 $\angle CDB=60°$ $\Rightarrow \angle ADB=90°$,所以△ABD 为等腰直角三角形,斜边 $AB=8$,高为 4,故面积为 16.

> **敲黑板** 考生掌握两点:(1) n 边形内角和 $=(n-2)\times 180°$;(2)等腰直角三角形面积 $S=\frac{1}{4}c^2$,其中 c 为斜边边长.

2.【答案】D

【解析】该题考查等腰直角三角形和等边三角形相结合问题.设 $AB=AC=a \Rightarrow BC=\sqrt{2}a \Rightarrow 2a+$

$\sqrt{2}a=2\sqrt{2}+4 \Rightarrow a=2$,则 $BC=2\sqrt{2}$,故等边三角形 BDC 的面积为 $\frac{\sqrt{3}}{4}\times(2\sqrt{2})^2=2\sqrt{3}$.

> **敲黑板** 考生应熟记等腰直角三角形三个角 $45°,45°,90°$ 对应的三边的关系为 $a:b:c=1:1:\sqrt{2}$,面积公式为 $S=\frac{1}{4}c^2$;边长为 a 的等边三角形的面积公式为 $S=\frac{\sqrt{3}}{4}a^2$.

3.【答案】A

【解析】该题考查方程和三角形面积计算问题.

由于方程 $x^2-\sqrt{2}mx+\frac{3m-1}{4}=0$ 有相同实根,因此判别式 $\Delta=2m^2-3m+1=0 \Rightarrow m=\frac{1}{2}$ 或 1,则 $AB=AC=\frac{\sqrt{2}}{2}m=\frac{\sqrt{2}}{4}$ 或 $\frac{\sqrt{2}}{2}$.

根据三角形三边关系,其中 $AB=AC=\frac{\sqrt{2}}{4}$(舍),故 $AB=AC=\frac{\sqrt{2}}{2}$,则所求面积为 $\frac{\sqrt{5}}{9}$.

4.【答案】B

【解析】设底为 a,高为 h. 条件(1),$\frac{1}{2}ah$ 与 $\frac{1}{2}(a+2)(h-2)$ 不一定相等,不充分;条件(2),$\frac{1}{2}ah=\frac{1}{2}(a+a)[h(1-50\%)]$,面积不变,充分.

5.【答案】C

【解析】该题考查方程和三角形面积计算问题.

$x^2-(1+\sqrt{3})x+\sqrt{3}=0$,则 $(x-\sqrt{3})(x-1)=0$,故 $x_1=\sqrt{3}$ 或 $x_2=1$.

因为 $a<b$,则 $a=1,b=\sqrt{3}$,所以 $S=\frac{1}{2}\times\sqrt{3}\times\frac{1}{2}=\frac{\sqrt{3}}{4}$.

6.【答案】E

【解析】该题考查图形重合的多边形面积计算问题.

可以看出重叠部分的中间是一个边长为 1 的正三角形,它的面积为 $\frac{\sqrt{3}}{4}$,它的周围是三个全等的小三角形,这三个小三角形拼起来也是一个边长为 1 的正三角形,它们的面积和为 $\frac{\sqrt{3}}{4}$,也就是说每个小三角形的面积为 $\frac{\sqrt{3}}{12}$. 因此三个边长为 1 的正方形所覆盖区域(实线所围)的面积为 $3-\frac{3}{4}\sqrt{3}$.

> **敲黑板** 遇到求多边形的面积,可将多边形进行分割,变成求解多个三角形或四边形的面积和.

7.【答案】E

【解析】已知$\angle ABC=30°,\angle DBC=60°$,所以
$$S_{\triangle ABC}=\frac{1}{2}\times BC\times AB\times\sin 30°, S_{\triangle DBC}=\frac{1}{2}\times BC\times BD\times\sin 60°,$$
$$\frac{S_{\triangle DBC}}{S_{\triangle ABC}}=\frac{\frac{1}{2}\times\frac{\sqrt{3}}{2}\times BC\times BD}{\frac{1}{2}\times\frac{1}{2}\times BC\times AB}=\sqrt{3}.$$

8.【答案】B

【解析】本题利用三角形等高,三角形的面积之比等于底边之比求解.

由题意知,$S_{\triangle AEC}=\frac{1}{3}\Rightarrow AE=\frac{1}{3}AB, S_{\triangle BED}=S_{\triangle CED}\Rightarrow BD=\frac{1}{2}BC$,故
$$S_{\triangle AED}=S_{\triangle ABD}-S_{\triangle BED}=\frac{1}{6}.$$

9.【答案】B

【解析】根据勾股定理可知$BC=12$,因为折叠,所以$AE=5, BE=8$,则
$$S_{\triangle BDE}:S_{\triangle ADE}:S_{\triangle ADC}=8:5:5\Rightarrow S_{\triangle BDE}=\frac{8}{18}\times\frac{1}{2}\times 12\times 5=\frac{40}{3}.$$

10.【答案】B

【解析】根据共用顶点的相邻三角形面积之比等于底边之比可知,$BC:CF=1:1\Rightarrow S_{\triangle ACF}=S_{\triangle ABC}=2$,故$\triangle ABF$的面积为4,因为$AB:BE=1:2$,故$\triangle FBE$的面积为8,因此$\triangle AEF$的面积为$8+4=12$.

11.【答案】B

【解析】化简题干得$S_{\triangle AOD}=\frac{1}{2}S_{正方形ABCD}$,$P$为$AO$中点$\Rightarrow S_{\triangle APD}=S_{\triangle OPD}$,则$S_{\triangle PQD}$与$Q$的位置有关,条件(1)不充分.

条件(2),Q为DO的三等分点,则$S_{\triangle PQD}=\frac{1}{3}S_{\triangle POD}=\frac{1}{6}S_{\triangle AOD}=\frac{1}{12}S_{正方形ABCD}$.

12.【答案】B

【解析】该题考查相似三角形的面积之比等于相似比的平方,化简题干$\frac{S_{\triangle AEF}}{S_{\triangle ABC}}=\frac{1}{2}$.

条件(1),因为$|AG|=2|GD|\Rightarrow\frac{|AG|}{|AD|}=\frac{2}{3}\Rightarrow\frac{S_{\triangle AEF}}{S_{\triangle ABC}}=\frac{4}{9}$,不充分.

条件(2),因为$|BC|=\sqrt{2}|EF|\Rightarrow\frac{|EF|}{|BC|}=\frac{1}{\sqrt{2}}\Rightarrow\frac{S_{\triangle AEF}}{S_{\triangle ABC}}=\frac{1}{2}$,充分.

13.【答案】D

【解析】条件(1),由$EB=2FC$可得$DF=2AE$,则过E点作$EG\perp DF$交DF于中点G,可以证明$\triangle EDG$与$\triangle EFG$全等,则$ED=EF$,条件(2)和条件(1)等价,如图所示,$\triangle AED\cong\triangle GFE\cong\triangle CFH$,所以可以拼接成一个直角三角形.

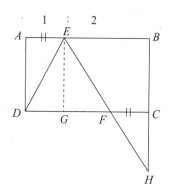

14.【答案】D

【解析】该题考查三角形相似.

条件(1),每个直角三角形的边长成等比数列,对应边成比例,则三角形相似.

条件(2),每个直角三角形的边长成等差数列,对应边成比例,则三角形相似.

15.【答案】E

【解析】因为 $\angle A+\angle A'=\pi$,根据鸟头定理有 $\dfrac{S_{\triangle ABC}}{S_{\triangle A'B'C'}}=\dfrac{AB\times AC}{A'B'\times A'C'}=\dfrac{2}{3}\times\dfrac{2}{3}=\dfrac{4}{9}$.

专题三 四边形

题型一：平行四边形

1.【答案】D

【解析】根据性质:平行四边形为中心对称图形,通过其中心的任意直线,分成的两个图形面积均相等,矩形 $OABC$ 对角线的交点为 $(3,2)$,直线 l 只需通过 $(3,2)$ 即可,条件(1)与条件(2)均充分.

2.【答案】C

【解析】因 $AD\parallel BC$,则 $\angle A+\angle ABC=\angle DEB+\angle EBC=180°$;又因 BE 平分 $\angle ABC$, $\angle DEB=150°$,所以 $\angle ABE=\angle EBC=30°$,故 $\angle A=120°$.

题型二：菱形

3.【答案】D

【解析】菱形的两条对角线相互垂直且平分,故面积为 $\dfrac{1}{2}ab$.

敲黑板 本题可以延伸至对角线互相垂直的任意四边形,其面积都等于对角线之积的一半.

4.【答案】D

【解析】菱形的边长为5,得到周长为20;面积等于对角线乘积的一半即24,选D.

题型三：梯形

5.【答案】 B

【解析】 该题考查梯形的蝶形定理，可以把阴影部分的图形转化为在一个图形中，四边形 $ADCF$ 为梯形，根据梯形的蝶形定理得 $S_{\triangle DGC}=S_{\triangle AFG}$，$S_{阴}=S_{\triangle ABD}+S_{四边形OEFG}=24+4=28(\text{m}^2)$.

6.【答案】 D

【解析】 根据图形可知 $\dfrac{S_{\triangle CDE}}{S_{\triangle ABE}}=\left(\dfrac{CD}{AB}\right)^2=\left(\dfrac{8}{4}\right)^2$，又因 $S_{\triangle ABE}=4$，则 $S_{\triangle CDE}=16$.

根据梯形面积蝶形定理得 $S_{\triangle ADE}=S_{\triangle BCE}$，且

$$S_{\triangle ADE}\times S_{\triangle BCE}=S_{\triangle ABE}\times S_{\triangle DEC}=64\Rightarrow S_{\triangle ADE}=S_{\triangle BEC}=8,$$

所以

$$S_{四边形ABCD}=S_{\triangle ADE}+S_{\triangle BCE}+S_{\triangle ABE}+S_{\triangle DEC}=36.$$

题型四：长方形、正方形

7.【答案】 B

【解析】 设三角形 APB 在 AB 边上的高为 h_1，三角形 CPB 在 BC 边上的高为 h_2，这两个高和 PB 正好构成直角三角形，设 a 为正方形的边长，由勾股定理可得 $PB^2=h_1^2+h_2^2$，故

$$S_{\triangle ABP}=\dfrac{1}{2}h_1 a=80,\quad S_{\triangle BCP}=\dfrac{1}{2}h_2 a=90,$$

根据 $h_1^2+h_2^2=10^2$，所以正方形的面积 $S=a^2=\dfrac{160^2+180^2}{10^2}=580$（平方厘米）.

8.【答案】 B

【解析】 正方形 $ABCD$ 的面积为 1，故其边长为 1，从而圆 O 的半径为 $\dfrac{1}{2}$，进而得知正方形 $EFGH$ 的边长为 $\dfrac{\sqrt{2}}{2}$，即其面积为 $\dfrac{1}{2}$，故选 B.

> **敲黑板** 由结论圆的内接正方形与外接正方形面积之比为 $1:2$，可快速得到答案.

9.【答案】 E

【解析】 该题考查阴影面积的比较. 设小正方形和大正方形的面积分别为 x 和 y.

由重叠部分面积相等可得 $\dfrac{1}{4}x=\dfrac{1}{7}y$ 即 $x:y=4:7$，则阴影面积之比为 $\dfrac{3}{4}x:\dfrac{6}{7}y=\dfrac{1}{2}$.

> **敲黑板** 根据两者重叠部分面积相等寻找解题的突破口.

10.【答案】 B

【解析】 该题考查割补法（见图），把多边形 $ABCDE$ 补全为一个长方形，则多边形 $ABCDE$ 的面积等于 1 个矩形的面积减去 3 个直角三角形的面积.

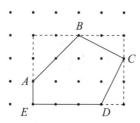

$S_{\text{多边形}ABCDE}=3\times4-\dfrac{1}{2}\times2\times2-\dfrac{1}{2}\times2\times1-\dfrac{1}{2}\times2\times1=8.$

> **敲黑板** 遇到求多边形的面积,有两种思路:(1)将多边形进行分割,变成求解多个三角形或四边形的面积和;(2)补充边界,用四边形的面积减去三角形的面积.

11.【答案】A

【解析】因为大正方形的边长是20米,丙和丁的面积之和为80平方米,所以丙的宽是4米,丙的长是12米,进而得甲的长是16米,甲的宽是8米,所以小正方形(阴影)的边长=丙长－甲宽=12－8=4(米),故小正方形的面积是16平方米.

> **敲黑板** 小正方形的面积$S=$边长^2,符合完全平方的只有A.

12.【答案】C

【解析】用a,b表示羊栏的长与宽,化简题干要求$ab>500$.

条件(1),$a+b=60$,不充分;

条件(2),$\sqrt{a^2+b^2}\leqslant50\Rightarrow a^2+b^2\leqslant2\,500$,不充分.

联合条件(1)和条件(2),$\begin{cases}a+b=60\Rightarrow a^2+2ab+b^2=3\,600,\\ a^2+b^2\leqslant2\,500\end{cases}\Rightarrow ab\geqslant550$,充分.

13.【答案】D

【解析】该题考查平面图形面积、旋转问题.$S_{\text{四边形}AECD}=S_{\text{长方形}ABCD}-S_{\triangle ABE}$.

条件(1),$a=2\sqrt{3}\Rightarrow S_{\text{四边形}ABCD}=4\sqrt{3}\times2\sqrt{3}=24$,$S_{\triangle ABE}=\dfrac{1}{2}\times2\sqrt{3}\times2=2\sqrt{3}$,充分.

条件(2),$\triangle AB'B$的面积为$3\sqrt{3}$,即可得到$AB=2\sqrt{3}$,条件(1)与条件(2)等价.

14.【答案】C

【解析】设原来正方形边长为x块瓷砖,则有$(x+1)^2-x^2=180+21=201$,解得$x=100$,因此原来共有瓷砖$100^2+180=10\,180$(块).

> **敲黑板** 这批瓷砖的数量减去180为正方形的面积,即为一个完全平方数.

15.【答案】C

【解析】条件(1),只能求出大正方形边长,而不能确定小正方形边长,不充分;

条件(2),只有长宽之比而无具体数值,不可求解,不充分.

联合条件(1)和条件(2),可求出每个长方形的长宽以及小正方形的边长,面积可确定.

16.【答案】D

【解析】机器人搜索出的区域的面积为两个半圆和一个长方形面积.

面积为圆和长方形面积之和,即
$$10 \times 2 + \pi \times 1^2 = 20 + \pi.$$

专题四　圆和扇形

题型：求阴影部分面积

1.【答案】D

【解析】该题考查圆弧的阴影部分面积. 由勾股定理知 $BC = \sqrt{5^2 - 3^2} = 4$,则阴影部分面积为
$$\frac{1}{2}\pi \times \left(\frac{1}{2}AC\right)^2 + \frac{1}{2}\pi \times \left(\frac{1}{2}BC\right)^2 + \frac{1}{2} \times AC \times BC - \frac{1}{2}\pi \times \left(\frac{1}{2}AB\right)^2 = 6.$$

敲黑板　采用割补法,将阴影部分面积拆分成三个半圆的面积计算.

2.【答案】C

【解析】题图中图形是关于 CD 左右对称的,左边阴影部分面积为
$$S_{扇形AEB} - S_{扇形ACD} - S_{\triangle BCD} = \frac{1}{8}\pi \times 2^2 - \frac{1}{4}\pi \times 1^2 - \frac{1}{2} \times 1 \times 1 = \frac{\pi}{4} - \frac{1}{2},$$

因此所求阴影部分的面积为 $\left(\frac{\pi}{4} - \frac{1}{2}\right) \times 2 = \frac{\pi}{2} - 1$.

敲黑板　观察到阴影部分的图形对称,只要求出其中一部分面积,再乘以倍数即可.

3.【答案】D

【解析】该题考查遇到不规则图形一定要转化为规则图形.
$$S_{阴影} = S_{扇形ABE} + S_{扇形ADF} - S_{长方形ABCD} = \frac{125}{4}\pi - 50(\text{平方厘米}).$$

4.【答案】E

【解析】该题考查切线与扇形结合计算面积. 图形关于 x 轴对称,连接圆心 O 和 N 点,所求面积为
$$S = 2(S_{\triangle AON} - S_{扇形OBN}) = 2\left(\frac{1}{2} \times 1 \times \sqrt{3} - \frac{1}{6} \times \pi \times 1^2\right) = \sqrt{3} - \frac{\pi}{3}.$$

敲黑板　本题将阴影部分的一半补充成直角三角形,先找出扇形 OBN 的圆心角的度数,再计算阴影部分的面积.

5.【答案】E

【解析】该题考查正方形和半圆组合图形面积的计算：
$$S_{阴影}=2(S_{正方形}-S_{圆})=2\left[1-\pi\times\left(\frac{1}{2}\right)^2\right]=2-\frac{\pi}{2}.$$

> 敲黑板　本题图形中阴影部分具备对称的特点，所以只需算出一部分面积即可．

6.【答案】B

【解析】该题考查三角形、正方形和圆弧组合图形面积的计算．利用割补法，过点 O 作 $OG \perp BC$，垂足为 G，由图形的对称性可知，阴影部分面积 $S=S_{矩形OFCG}=ab.$

> 敲黑板　利用割补法将图中阴影部分分割后，再进行重新组合，变成规则图形计算面积．

7.【答案】E

【解析】该题考查不规则图形转化为规则图形求面积．如图所示，两圆彼此过对方圆心且半径相同，则 $\angle CBD=120°$，则由对称性有

$$S_{阴影}=2(S_{扇形BCAD}-S_{\triangle BCD})=2\left(\frac{120°}{360°}\times\pi\times1^2-\frac{\sqrt{3}}{4}\times1^2\right)$$
$$=2\left(\frac{\pi}{3}-\frac{\sqrt{3}}{4}\right)=\frac{2}{3}\pi-\frac{\sqrt{3}}{2}.$$

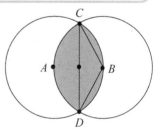

> 敲黑板　考生应熟记边长为 a 的等边三角形及内角分别为120°,30°,30°，腰长为 a 的等腰三角形面积均为 $\frac{\sqrt{3}}{4}a^2$．

8.【答案】C

【解析】该题考查阴影面积计算．由垂径定理知 $R^2-r^2=\left(\frac{AB}{2}\right)^2$，故阴影部分的面积为
$$S=\frac{1}{2}\pi R^2-\frac{1}{2}\pi r^2=\frac{1}{2}\pi(R^2-r^2)=\frac{1}{2}\pi\left(\frac{AB}{2}\right)^2=\frac{1}{2}\pi\times\left(\frac{12}{2}\right)^2=18\pi.$$

9.【答案】A

【解析】该题考查不规则图形转化为规则图形．利用割补法，连接 OA，因 $\angle ABC=30°$，则 $\angle AOB=120°$，故
$$S_{阴影}=S_{扇形AOB}-S_{\triangle AOB}=\frac{120°}{360°}\pi R^2-\frac{\sqrt{3}}{4}R^2=\frac{4}{3}\pi-\sqrt{3}.$$

> 敲黑板　利用割补法将图中阴影部分变成规则图形计算面积．

10.【答案】A

【解析】由题意可知，$S_{阴影} = S_{扇形AOB} - S_{\triangle AOC} = \frac{45°}{360°} \times \pi r^2 - \frac{1}{2} \times \left(\frac{\sqrt{2}}{2}\right)^2 = \frac{\pi}{8} - \frac{1}{4}$.

11.【答案】A

【解析】该题考查外凸形不规则图形求面积问题.

$$S_{阴影} = \left(\frac{\pi}{6} - \frac{\sqrt{3}}{4}\right) \times 6 = \pi - \frac{3\sqrt{3}}{2}.$$

第七章 解析几何

专题一 点与直线问题

题型一：点与直线的基本概念

1.【答案】 D

【解析】 当 $a>0,b<0$ 时，直线过一、三、四象限，当 $a<0,b>0$ 时，直线过一、二、四象限，所以 A，B 选项错误. 在 y 轴上的截距为 b，正负不确定，所以 C 错误. 在 x 轴上的截距为 $-b/a>0$.

> **敲黑板** 判断直线经过的象限，有两种思路，(1)根据斜率和在 y 轴上的截距判断；(2)根据在两个坐标轴上的截距判断.

2.【答案】 B

【解析】 由题意，可得 $CD/\!/AB$，AB 所在直线的斜率 $k_{AB}=\dfrac{y_B-y_A}{x_B-x_A}=\dfrac{2-1}{3-2}=1$，所以 CD 所在的直线斜率也为 1，根据正方形的性质，$CA/\!/y$ 轴，$BD/\!/x$ 轴，故 D 点坐标为 $(1,2)$，故 CD 所在的直线方程为 $y=x+1$.

3.【答案】 C

【解析】 该题考查求坐标问题. 设垂足的坐标为 (x_0,y_0)，根据斜率关系，且垂足在直线 l 上，可得
$$\begin{cases} \dfrac{y_0-7}{x_0-5}=2, \\ x_0+2y_0-4=0 \end{cases} \Rightarrow x_0=2, y_0=1.$$

> **敲黑板** 可以将选项坐标代入直线方程 $x+2y-4=0$，验证选项.

4.【答案】 C

【解析】 由于平行四边形的对边互相平行，故 AC 的斜率等于 OB 的斜率等于 -1，又 AC 经过点 $A(-2,0)$，故 AC 的直线方程为 $y=-x-2$.

> **敲黑板** 平行四边形的特征：对边平行且相等，对角线互相平分，根据此特征求出斜率和点的坐标，写出直线方程.

5.【答案】 C

【解析】 显然两个条件单独不充分，考虑联合. 由条件(1)得到直线斜率为负，必过第二、四象限.

由条件(2)得到在 y 轴上的截距 $b>0$, 从而过第一、二、四象限, 充分.

6. 【答案】A

   【解析】条件(1), 直线通过第一、二、四象限, 充分;

   条件(2), 直线通过第一、三、四象限, 不充分.

7. 【答案】A

   【解析】根据题意画图, 如图所示, 点 (1,1) 在 $\triangle ABC$ 内.

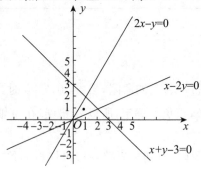

> 敲黑板　根据题意画出标准图形, 观察满足题意的点.

题型二: 两条直线的位置关系

8. 【答案】C

   【解析】根据两条直线垂直, 得到 $(a+2)(a-1)+(1-a)(2a+3)=0$, 解得 $a=\pm 1$.

> 敲黑板　记住结论: 若 $a_1x+b_1y=c_1$ 与 $a_2x+b_2y=c_2$ 垂直, 则有 $a_1a_2+b_1b_2=0$.

题型三: 多条直线围成的面积问题

9. 【答案】A

   【解析】条件(1), 由 AB 所在的直线方程为 $y=x-\dfrac{1}{\sqrt{2}}$, 故 A 为 $\left(\dfrac{1}{\sqrt{2}},0\right)$, 由于 AB 的斜率为 1, 那么 AD 的斜率为 -1, 得到 D 为 $\left(0,\dfrac{1}{\sqrt{2}}\right)$, 则正方形的边长 $AD=1$, 故面积 $S=1$, 充分; 条件(2), AD 所在的直线方程为 $y=1-x$, 得到 A 为 $(1,0)$, D 为 $(0,1)$, $AD=\sqrt{2}$, 面积 $S=2$, 不充分.

> 敲黑板　这是一道解析几何与平面几何的综合考题, 解决此类问题, 一般要找交点, 通过交点坐标计算面积.

10. 【答案】B

    【解析】本题考查直线方程的性质. 由条件(1)得到面积 $S=\dfrac{1}{2}\times\dfrac{10}{3}\times\dfrac{5}{2}=\dfrac{25}{6}$, 由条件(2)得到面

积 $S=\dfrac{1}{2}\times 3\times\dfrac{9}{2}=\dfrac{27}{4}$.

11.【答案】C

【解析】该题考查三角形面积求和.显然第 n 条直线与两坐标轴的交点为 $\left(\dfrac{1}{n},0\right)$,$\left(0,\dfrac{1}{n+1}\right)$,所以第 n 条直线与两坐标轴围成的面积为 $S_n=\dfrac{1}{2}\cdot\dfrac{1}{n}\cdot\dfrac{1}{n+1}=\dfrac{1}{2}\left(\dfrac{1}{n}-\dfrac{1}{n+1}\right)$,从而 $S_1+S_2+\cdots+S_{2\,009}=\dfrac{1}{2}\times\left(\dfrac{1}{1}-\dfrac{1}{2}\right)+\dfrac{1}{2}\times\left(\dfrac{1}{2}-\dfrac{1}{3}\right)+\cdots+\dfrac{1}{2}\times\left(\dfrac{1}{2\,009}-\dfrac{1}{2\,010}\right)=\dfrac{1}{2}\times\dfrac{2\,009}{2\,010}$.

> **敲黑板** 此题的关键是找到第 n 个三角形的面积,并且用含有 n 的表达式表示,在求和时,采用裂项抵消的方法,否则难以求解.

12.【答案】E

【解析】由 $|xy|+1=|x|+|y|$,得 $|xy|-|x|-|y|+1=0$,因式分解 $(|x|-1)(|y|-1)=0$,即 $x=\pm 1,y=\pm 1$,故围成一个边长为 2 的正方形,面积为 4.

> **敲黑板** 若 $|xy|-a|x|-b|y|+ab=0(a,b>0)$,则面积 $S=4ab$.

13.【答案】C

【解析】画出图形,可知图中阴影部分的面积

$$S=36-2\times\dfrac{1}{2}\times 3^2-\dfrac{\pi}{4}\times 3^2=9\left(3-\dfrac{\pi}{4}\right).$$

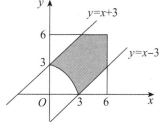

> **敲黑板** (1) $a\leqslant x\leqslant b$ 表示在 $x=a$ 与 $x=b$ 两条直线之间的区域;
> (2) $c\leqslant y\leqslant d$ 表示在 $y=c$ 与 $y=d$ 两条直线之间的区域;
> (3) $|ax+by|\leqslant c$ 表示在 y 轴上的截距为 $\pm\dfrac{c}{b}$,斜率为 $-\dfrac{a}{b}$ 的两条平行直线之间的区域;
> (4) $x^2+y^2>r^2$ 表示以 $(0,0)$ 为圆心,半径为 r 的圆外;
> (5) $x^2+y^2<r^2$ 表示以 $(0,0)$ 为圆心,半径为 r 的圆内.

14.【答案】C

【解析】条件(1),由图像的对称性可得,当 b 取两个大小相反的值时,线段 AB 的长度相同,而已

知以 AB 为对角线的正方形的面积,则只可确定对角线 AB 的长度,因此 b 可以取到两个大小相反的值,不充分;条件(2)显然不充分.两条件联合,可将 b 的两个大小相反的值中舍去一个,因此能唯一确定 b 的值,充分.

专题二 圆

题型：圆的基本概念

1.【答案】E

【解析】该题考查圆心坐标.易得圆心是 $(1,-2)$.

敲黑板 记住结论：$x^2+y^2+ax+by+c=0(a^2+b^2-4c>0)$ 的圆心坐标为 $\left(-\dfrac{a}{2},-\dfrac{b}{2}\right)$.

2.【答案】B

【解析】该题考查圆的方程.$AB=\sqrt{(5+3)^2+(1-5)^2}=\sqrt{80}$,因为 AB 为圆的直径,故半径为 $r=\dfrac{\sqrt{80}}{2}=\sqrt{20}$,又因为 AB 的中点 $(1,3)$ 为圆心坐标,故圆的方程为 $(x-1)^2+(y-3)^2=20$.

敲黑板 可以将 A 和 B 两点坐标代入方程,验证选项.

3.【答案】B

【解析】该题考查圆的半径.由于圆通过坐标原点,可设圆的方程为 $x^2+y^2+ax+by=0$,又 $y=\dfrac{x^2}{4}-2x+4$ 与 x 轴的交点坐标为 $(4,0)$,与 y 轴的交点坐标为 $(0,4)$,得到 $a=b=-4$,故圆的方程为 $x^2+y^2-4x-4y=0$,半径为 $2\sqrt{2}$.

敲黑板 若圆通过坐标原点,则常数项为零;再求出抛物线与两个坐标轴的交点,交点也在圆上,故可求出圆的方程,得到圆的半径.此外,由于此题中的圆经过三点,因此也可以转化为三角形的外心进行求解.

4.【答案】D

【解析】该题考查圆与坐标轴交点问题.令 $y=0$,则 $x^2=3\Rightarrow x=\pm\sqrt{3}$.

5.【答案】B

【解析】由条件(1)得到的是正方形,不充分.由条件(2)得到的是圆,充分.

6.【答案】B

【解析】该题考查半圆的方程.由 $x^2+y^2=1$ 得 $x=\pm\sqrt{1-y^2}$,右半圆要求 $x\geq 0$,则右半圆的方

程是 $x-\sqrt{1-y^2}=0$.

> **敲黑板** 设圆心坐标为 (x_0,y_0)，则右半圆的方程要求取 $x \geqslant x_0$ 的部分，左半圆的方程要求取 $x \leqslant x_0$ 的部分，上半圆的方程要求取 $y \geqslant y_0$ 的部分，下半圆的方程要求取 $y \leqslant y_0$ 的部分.

7.【答案】D

【解析】该题考查圆的性质.圆盘为 $(x-1)^2+(y-1)^2 \leqslant 2$，要被直线 L 分为面积相等的两部分，则只需要 L 过圆心 $(1,1)$，可知条件(1)和条件(2)均充分.

> **敲黑板** 过中心对称图形的中心的直线，必定平分该图形.

专题三 圆与直线

题型一：直线与圆的位置关系

1.【答案】C

【解析】该题考查根据圆的方程求直线方程问题.圆的方程可写为 $(x-1)^2+(y+2)^2=4$，故圆心为 $(1,-2)$，所求直线的斜率与 $3y+2x=1$ 相同，故所求直线为 $3y+2x+4=0$.

> **敲黑板** 根据斜率，应该在 C 和 D 中选，再代入圆心坐标验证.

2.【答案】A

【解析】该题考查求切线问题.显然直线的斜率为 1，设切线方程为 $y=x+b$，即 $x-y+b=0$，由于直线和圆相切，因此 $d=\dfrac{|-1-1+b|}{\sqrt{2}}=1$，解得 $b=2-\sqrt{2}$ 或 $2+\sqrt{2}$（舍去）.

3.【答案】D

【解析】该题考查圆的弦长求解，涉及中点坐标等考点.由 A,B 的中点与圆心的连线垂直于直线 l，可得直线 l 的斜率为 -1，又直线经过 $(1,1)$，故直线方程为 $y+x=2$.

> **敲黑板** A,B 的中点 $(1,1)$ 在直线 l 上，依次代入选项验证即可.

4.【答案】D

【解析】由于直线与圆相切，所以圆心 $(0,0)$ 到直线 $y=k(x+2)$ 的距离等于 1，因此 $\dfrac{|2k|}{\sqrt{k^2+1}}=1 \Rightarrow k=\pm\dfrac{\sqrt{3}}{3}$，故条件(1)和条件(2)均充分.

> **敲黑板** 过圆外一点作圆的切线,注意有两条切线,并且这两条切线关于该点与圆心连线对称.

5.【答案】 E

【解析】 该题考查求切点坐标问题. 切线的斜率为 -1,由切点与圆心连线垂直于切线,故可设切点坐标为 (x_0,x_0),代入圆的方程中 $x_0^2+x_0^2=2 \Rightarrow x_0=\pm 1$,故切点为 $(-1,-1)$ 或 $(1,1)$.

> **敲黑板** 画出图像,可以看出切点应该在第一象限或第三象限,排除其他选项即可.

6.【答案】 B

【解析】 条件(1),圆与直线 $y=3$ 相切,不充分.
条件(2),如图所示,圆心坐标为 $O_1(2,1)$,半径 $AO_1=2$,P 为 AB 中点,

$$AB=2\sqrt{3} \Leftrightarrow AP=\sqrt{3} \Leftrightarrow O_1P=\sqrt{AO_1^2-AP^2}=1,$$

即 $\dfrac{|a\times 2+b\times 1+3|}{\sqrt{a^2+b^2}}=1$,充分.

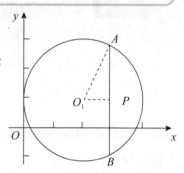

7.【答案】 E

【解析】 该题考查根据弦长求斜率范围. 圆 $x^2+(y-1)^2=1$,由弦长公式 $|AB|=2\sqrt{r^2-d^2}>\sqrt{2}$,将 $r=1$ 代入可得 $d^2<\dfrac{1}{2}$,即 $\left(\dfrac{|-1|}{\sqrt{k^2+1}}\right)^2<\dfrac{1}{2}$,所以 $k>1$ 或 $k<-1$.

8.【答案】 B

【解析】 由于直线与圆相切,故圆心 $(0,0)$ 到直线 $y=k(x+2)$ 的距离等于 1,因此 $\dfrac{|2k|}{\sqrt{k^2+1}}=1 \Rightarrow k=\pm\dfrac{\sqrt{3}}{3}$,故条件(1)不充分,条件(2)充分.

9.【答案】 E

【解析】 该题考查直线与圆的位置关系. 该圆的圆心为 $(a,0)$,半径为 1,圆心到直线的距离 $d=\dfrac{|a^2|}{\sqrt{1+a^2}}=1$,整理得 $(a^2)^2-a^2-1=0$,解得 $a^2=\dfrac{1+\sqrt{5}}{2}$.

10.【答案】 A

【解析】 圆与直线不相交,则圆心到直线的距离大于半径,圆方程变形 $x^2+(y-1)^2=1 \Rightarrow$ 圆心为 $(0,1)$,到 $x+ay-b=0$ 的距离 $d=\dfrac{|a-b|}{\sqrt{1+a^2}}>1 \Rightarrow |a-b|>\sqrt{1+a^2}$,故条件(1)充分,条件(2)不充分.

11.【答案】 C

【解析】 将 $x=3$ 代入圆的方程,得 $A(3,4),C(3,-4)$,当对角线垂直时,面积最大,为

$$\frac{1}{2} \times 8 \times 10 = 40.$$

12. 【答案】A

【解析】化简题干得 $\left(x-\dfrac{a}{2}\right)^2+\left(y-\dfrac{a}{2}\right)^2=\dfrac{a^2}{2}\Rightarrow$ 圆心为 $\left(\dfrac{a}{2},\dfrac{a}{2}\right)$, $r=\dfrac{\sqrt{2}}{2}|a|$.

条件(1),直线 $x+y=1$ 与圆 C 相切,则圆心到直线的距离为 $\dfrac{\left|\dfrac{a}{2}+\dfrac{a}{2}-1\right|}{\sqrt{2}}=\dfrac{\sqrt{2}}{2}|a|\Rightarrow a$ 是可以确定的,则条件(1)充分. 同理,条件(2)不充分.

13. 【答案】D

【解析】条件(1)为二次函数的上方区域,故充分.

条件(2)为圆的内部,与直线 $x-y=0$ 相切,且图像在 $x-y=0$ 上方,故充分.

题型二：过圆 $(x-a)^2+(y-b)^2=r^2$ 上一点 $P(x_0,y_0)$ 作切线问题

14. 【答案】A

【解析】该题考查圆的切线问题. 从题干和条件来分析得圆和直线一定都过原点,化简题干得
$$(x-1)^2+(y+2)^2=5\Rightarrow (x-1)(x-1)+(y+2)(y+2)=5,$$
将其中一组 (x,y) 用 $(0,0)$ 来代替,即 $-x+1+2y+4=5\Rightarrow x-2y=0$.

15. 【答案】D

【解析】该题考查直线与圆相切问题. 将圆 $x^2+y^2=5$ 拆分成 $x\times x+y\times y=5$,将其中一组 (x,y) 用 $(1,2)$ 来替换,则切线方程为 $x+2y=5$,当 $x=0$ 时,在 y 轴上的截距 $y=\dfrac{5}{2}$.

16. 【答案】E

【解析】该题考查直线与圆相切问题. 将圆变形拆分 $x\times x+(y-a)\times(y-a)=b$,将其中一组 (x,y) 用 $(1,2)$ 来替代,则切线方程为 $1\times x+(2-a)\times(y-a)=b$,将 $(0,3)$ 代入切线方程,得 $(2-a)\times(3-a)=b$. 又因为 $(1,2)$ 在圆上,所以 $1^2+(2-a)^2=b$,故 $a=1,b=2$.

题型三：直线、曲线恒过定点问题(直线系问题)

17. 【答案】D

【解析】将条件(1)代入题干,$ax^2+(1-a)y^2=1\Rightarrow y^2-1+a(x^2-y^2)=0\Rightarrow \begin{cases}y^2=1,\\x^2=y^2\end{cases}\Rightarrow (1,1)$, $(1,-1),(-1,1),(-1,-1)$,充分. 同理,由条件(2),得到定点坐标为 $\left(\pm\dfrac{\sqrt{2}}{2},\pm\dfrac{\sqrt{2}}{2}\right)$,共有 4 个定点,也充分.

18. 【答案】D

【解析】化简题干,将原直线方程写成 $(x+y-3)+\lambda(2x-y-3)=0$,可以得到 $\begin{cases}x+y-3=0,\\2x-y-3=0,\end{cases}$ 解出

定点(2,1),则直线恒过(2,1).将(2,1)代入圆的方程,得$(2-1)^2+(1-2)^2<4$,则点在圆内,故直线和圆相交,与λ无关.

题型四：圆与圆的位置关系

19. 【答案】E

    【解析】该题考查两圆的位置关系.当$|r_1-r_2|\leqslant d\leqslant r_1+r_2$时,两圆有交点.两圆的圆心距$d=\sqrt{\left(\dfrac{3}{2}\right)^2+4}=\dfrac{5}{2}$,当$5-\dfrac{5}{2}\leqslant r\leqslant 5+\dfrac{5}{2}$时,两圆有交点.

    条件(1)与条件(2)均不充分,联合也不充分.

20. 【答案】B

    【解析】该题考查两圆的位置关系.两圆的圆心距为$2\sqrt{2}$,其中一个圆的半径为5,显然当$r=5+2\sqrt{2}$时,两圆内切;当$r=5-2\sqrt{2}$时,两圆也内切,条件(2)充分.

    > **敲黑板** 对于两圆的位置关系,可用圆心距与两圆半径来判断.当$|r_1-r_2|<d<r_1+r_2$时,两圆相交;当$d=r_1+r_2$时,两圆外切;当$d=|r_1-r_2|$时,两圆内切.

21. 【答案】A

    【解析】该题考查圆与圆的位置关系及弧长问题.条件(1),可以得到两圆的圆心距为3,两个圆彼此过对方的圆心,则相交在圆内的弧长为圆周的$\dfrac{1}{3}$,对应的圆心角为$\dfrac{2\pi}{3}$.故每个圆在外面的弧长为4π,所以覆盖区域的边界长度为8π,充分.条件(2),无法确定圆心距,不充分.

22. 【答案】A

    【解析】圆A的标准方程为$(x+2)^2+(y+1)^2=4$,则半径$r=2$.条件(1),圆B的标准方程为$(x-1)^2+(y-3)^2=9$,半径$R=3$,因此两圆心的距离$d=5=r+R$,两圆外切,充分;条件(2),圆B的标准方程为$(x-3)^2+y^2=9$,半径$R=3$,因此两圆心的距离$d=\sqrt{26}>r+R$,两圆外离,不充分.

    > **敲黑板** 通过圆心距与两半径之和、之差的大小关系来判定圆与圆的位置关系.

23. 【答案】C

    【解析】两圆的标准方程分别为$(x+1)^2+y^2=4$与$x^2+(y-3)^2=3$,则$R=2,r=\sqrt{3}$,而圆心距$d=\sqrt{10}$,故$R-r<d<R+r$,因此两圆相交.

    > **敲黑板** 通过圆心距与两半径之和、之差的大小关系来判定圆与圆的位置关系.

专题四 对称问题

题型：关于直线对称

1.【答案】 A

【解析】 设对称点的坐标为 (x_0, y_0)，则有

$$\begin{cases} \dfrac{y_0}{x_0} = -\dfrac{1}{2}（对称点与原点连线和对称轴垂直），\\ \dfrac{y_0}{2} = 2 \times \dfrac{x_0}{2} + 4（对称点与原点的中点在对称轴上）\end{cases} \Rightarrow x_0 = -\dfrac{16}{5}, y_0 = \dfrac{8}{5}.$$

> **敲黑板** 两点关于某直线对称，对称轴为两对称点连线的"垂直平分线"，利用"垂直"和"平分"这两个条件建立方程组，就可求出对称点的坐标. 方法：设点 (x_0, y_0) 关于直线 $ax + by + c = 0$ 的对称点为 (x_0', y_0')，则 $\begin{cases} a \cdot \dfrac{x_0 + x_0'}{2} + b \cdot \dfrac{y_0 + y_0'}{2} + c = 0, \\ \dfrac{y_0' - y_0}{x_0' - x_0} \cdot \left(-\dfrac{a}{b}\right) = -1, \end{cases}$ 求解此方程组即可.

2.【答案】 C

【解析】 该题考查点关于直线对称. 交换 x, y 位置再加上负号即可.

> **敲黑板** 本题可以记住一个窍门，$P_0(a, b)$ 关于直线 $x \pm y = 0$ 的对称点为 $P_0'(\mp b, \mp a)$.

3.【答案】 A

【解析】 该题考查直线关于直线对称. 依据对称轴的性质分别把 $x = -y, y = -x$ 代入方程 $y - 3x = 2$ 中，得到 $-x + 3y = 2$，整理可得对称的直线方程为 $y = \dfrac{x}{3} + \dfrac{2}{3}$.

4.【答案】 A

【解析】 条件(1)，将 $x = 1$ 代入 $x - y + 1 = 0$ 中得到对称点 $y = 2 \Rightarrow -\dfrac{a}{2} = 2 \Rightarrow a = -4$，充分. 条件(2)，有 $(2+a)a + 5(2+a) = 0$，得到 a 有两个值 -5 和 -2，不充分.

5.【答案】 B

【解析】 两圆关于某直线对称，只需考虑圆心的对称坐标即可，因为半径不变. $C_2: x^2 + y^2 + 2x - 6y - 14 = 0$ 的圆心为 $(-1, 3)$，关于 $y = x$ 的对称图形就是将 (y, x) 代入圆方程即可，对称后圆心为 $(3, -1)$，故条件(2)充分.

> **敲黑板** 该题的解题技巧：圆或直线关于直线 $y = x$ 对称，只需交换 x, y 的位置即可.

6. 【答案】A

【解析】关于 x 轴对称,只需将方程中的 y 换成 $-y$ 即可,所以 L 的方程为 $2x-3y=1$.

> **敲黑板** 记住关于坐标轴对称的结论:如果方程关于 x 轴对称,只需将原方程中的 y 换成 $-y$ 即可;如果方程关于 y 轴对称,只需将原方程中的 x 换成 $-x$ 即可.

7. 【答案】E

【解析】代入法,将 $x=0,y=4$ 代入直线方程,得 $0+4+1=5$,则对称点 $x_1=0-\dfrac{2\times 2\times 5}{2^2+1^2}=-4$, $y_1=4-\dfrac{2\times 1\times 5}{2^2+1^2}=2$.

8. 【答案】E

【解析】设圆 $(x-5)^2+y^2=2$ 的圆心 $O(5,0)$ 关于直线 $y-2x=0$ 的对称点为 $O'(x,y)$,则满足
$$\begin{cases}\dfrac{y}{2}-2\times\dfrac{5+x}{2}=0,\\ \dfrac{y}{x-5}=-\dfrac{1}{2}\end{cases}\Rightarrow x=-3,y=4,$$
即 $O'(-3,4)$,故所求圆的方程为 $(x+3)^2+(y-4)^2=2$.

专题五 求最值问题

题型一:动点 P 在圆 $(x-x_0)^2+(y-y_0)^2=r^2$ 上运动,求 $\dfrac{y-b}{x-a}$ 的最值

1. 【答案】B

【解析】记圆心为 $C(3,\sqrt{3})$,令 $\dfrac{y}{x}=k$,表示过原点的直线 $y=kx$ 的斜率,当过原点的直线与圆相切时,取到最值. 经过计算得 $BC=\sqrt{3}$,$CO=2\sqrt{3}$,故 $\angle BOC=\dfrac{\pi}{6}$,所以 $\angle AOB=\dfrac{\pi}{3}$.

> **敲黑板** 利用几何意义,将 $\dfrac{y-b}{x-a}$ 看成动点 (x,y) 与定点 (a,b) 构成直线的斜率,当直线与圆相切时,取到最值. 在本题中,将 $\dfrac{y}{x}$ 看成 (x,y) 与 $(0,0)$ 构成直线的斜率.

题型二:利用平均值定理求最值

2. 【答案】D

【解析】该题考查利用平均值定理求最值问题. 圆心为 $(-2,1)$,代入直线方程得 $-2a-b+3=0$,即 $2a+b=3$,和为定值,根据平均值定理有 $3=2a+b\geqslant 2\sqrt{2ab}$,从而 $ab\leqslant\dfrac{9}{8}$.

3.【答案】B

【解析】该题考查利用平均值定理求最值问题.过 A,B 两点的直线方程为 $\frac{x}{1}+\frac{y}{2}=1$,即 $2x+y-2=0$,故 $M(x,y)$ 满足 $2x+y=2\geqslant 2\sqrt{2xy}$,当且仅当 $2x=y$ 时上述不等式取"=",故矩形的面积 $xy\leqslant\frac{1}{2}$.

4.【答案】C

【解析】显然两个条件需要联合,$a^2+b^2+2ab=(a+b)^2>1\Rightarrow a+b>1$,故 $d=|a+b+\sqrt{2}|-\sqrt{2}>1$,充分.

题型三：求 $ax+by$ 的最值

5.【答案】D

【解析】根据图形观察 $2x+3y$ 的最大值在 A 点或 B 点取到,当在 $A(4,0)$ 时,$2x+3y=8$;当在 $B(0,3)$ 时,$2x+3y=9$.所以最大值为9,故选 D.

6.【答案】C

【解析】条件(1),当 m 的值很小时,将点 P 坐标代入 $x-y$ 可得值很小,不充分;条件(2),当 m 的值很大时,将点 P 坐标代入 $x-y$ 可得值很大,条件(2)不充分.联合条件(1)和条件(2),设 $x-y=b$,则有 $y=x-b$,可知 $x-y$ 的最小值与最大值分别为直线 $y=x-b$ 在 y 轴上的截距相反数的最小值和最大值.如图所示,$x-y$ 的最小值和最大值分别为 -2 和 $1\Leftrightarrow A(1,3),B(2,1)$ 分别为可行域的最大值和最小值 $\Leftrightarrow P$ 在 $M(-2,0),N(1,0)$ 之间.所以联合充分,答案选 C.

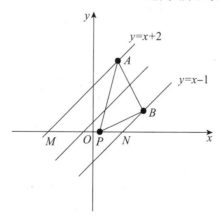

题型四：求 x^2+y^2 的最值

7.【答案】A

【解析】先开根号 $\sqrt{x^2+y^2}$,转化为 $P(x,y)$ 与原点 $(0,0)$ 之间的距离.

满足条件(1)的点 (x,y) 在直线 $4y-3x=5$ 的左上方,原点 $(0,0)$ 到直线 $4y-3x=5$ 的距离为 $d=\frac{5}{\sqrt{9+16}}=1$,落在题干范围,充分.

满足条件(2)的点(x,y)均在圆$(x-1)^2+(y-1)^2=5$上或圆外，$\sqrt{x^2+y^2}$的最小值为$\sqrt{5}-\sqrt{2}$，不充分.

8. **【答案】** A

    【解析】 条件(1)，因为$x+y=\pm 2$是圆$x^2+y^2=2$的上、下两条切线，故圆上和圆内的点都在两条直线之间，条件(1)充分；条件(2)，反例$x=2,y=\dfrac{1}{2}$，不充分. 因此答案选A.

9. **【答案】** B

    【解析】 $|x-2|+|y-2|\leqslant 2$，代表x,y在中心为$(2,2)$，边长为$2\sqrt{2}$的正方形内部或正方形上，开根号$\sqrt{x^2+y^2}$，转化为$P(x,y)$与原点$(0,0)$之间的距离，则当正方形顶点为$(2,4)$或$(4,2)$时到原点距离最大，为$\sqrt{20}$，原点到$x+y-2=0$的距离为$\sqrt{2}$，此时距离最小，最后平方还原，选B.

第八章　立体几何

专题一　基本几何体

题型一：长方体(正方体)的基本概念

1. 【答案】D

   【解析】根据比例设长、宽、高分别为 $6x$ 厘米, $3x$ 厘米, $2x$ 厘米, 则 $4\times 11x=220\Rightarrow x=5$, 因此长、宽、高分别为 30 厘米、15 厘米、10 厘米, 则长方体体积为 $30\times 15\times 10=4\,500$(立方厘米).

   > **敲黑板**　根据长、宽、高之比求得具体长度后求解.

2. 【答案】A

   【解析】连接 $A'F\Rightarrow A'F=\sqrt{A'D'^2+D'F^2}=\sqrt{5}\Rightarrow AF=\sqrt{AA'^2+A'F^2}=3$.

3. 【答案】E

   【解析】由图可以看出, 一个竖式的箱子需要 1 个正方形木板、4 个长方形木板, 一个横式的箱子需要 2 个正方形木板和 3 个长方形木板. 设竖式的箱子为 x 个, 横式的箱子为 y 个, 则有 $\begin{cases} x+2y=160, \\ 4x+3y=340, \end{cases} \Rightarrow \begin{cases} x=40, \\ y=60, \end{cases}$ 因此竖式的箱子为 40 个, 横式的箱子为 60 个.

4. 【答案】C

   【解析】设正方体棱长为 a, 长方体体积与正方体总体积相等, 则 $12\times 9\times 6=n\cdot a^3$, 个数 n 最少, 则棱长最大, 于是棱长 $a=(12,9,6)=3$, 当 $a=3$ 时, $n=24$.

5. 【答案】D

   【解析】该题考查多边形面积求解. 根据题意, 可得正六边形的边长为 $\sqrt{2}$, 则将此正六边形每个顶点与正六边形中心相连, 分割成 6 个正三角形, 每个正三角形的面积为 $\frac{\sqrt{3}}{4}\times(\sqrt{2})^2=\frac{\sqrt{3}}{2}$, 因此正六边形的面积为 $6\times\frac{\sqrt{3}}{2}=3\sqrt{3}$.

6. 【答案】D

   【解析】条件(1), 已知长方体一个顶点上的三个面的面积, 则可确定长方体的长、宽、高, 从而可以确定长方体的体对角线, 充分; 条件(2), 设长方体一个顶点上的三个面的对角线长度分别为 m,n,p, 长方体的长、宽、高分别为 a,b,c, 则 $a^2+b^2=m, b^2+c^2=n, a^2+c^2=p\Rightarrow \sqrt{a^2+b^2+c^2}=\sqrt{\frac{m+n+p}{2}}$, 充分.

题型二：圆柱体的基本概念

7.【答案】 B

【解析】 圆柱体积为 $V=\pi r^2 h$，因此增大到原来的 $(1.5)^2 \times 3 = 6.75$（倍）．

8.【答案】 B

【解析】 圆柱体积为 $V=\pi r^2 h$，由于底面半径和高的比为 $1:2$，因此 $V=2\pi r^3$，若体积增加到原来的 6 倍，则底面半径需要增加到原来的 $\sqrt[3]{6}$ 倍．

9.【答案】 C

【解析】 设桶高为 h，水直立时水高为 l．水桶水平横放时的截面图如图所示，劣弧 AB 所对的圆心角为 $90°$，因此 $S_{阴}=\dfrac{1}{4}\pi r^2 - \dfrac{1}{2}r^2$，由于桶内水的体积不变，故

$$V_{水}=S_{阴}\cdot h=\left(\dfrac{1}{4}\pi r^2 - \dfrac{1}{2}r^2\right)\cdot h=\pi r^2 \cdot l \Rightarrow \dfrac{l}{h}=\dfrac{1}{4}-\dfrac{1}{2\pi}.$$

> **敲黑板** 柱体体积等于底面积乘以高，抓住水的体积不变的特点来求解．

10.【答案】 D

【解析】 圆柱体积为 $V=\pi r^2 h$，高和底面半径改变后体积为

$$V=\pi(1.3r)^2 \times (0.7h)=1.183\pi r^2 h,$$

即体积增加到原来的 118.3%．

11.【答案】 C

【解析】 该题考查圆柱体体积最大值．设矩形旋转的一边长为 x，另一边长为 $1-x$，则圆柱的体积为 $V=\pi(1-x)^2 \times x$，利用平均值定理，保证和为定值，原式化简得

$$V=\pi(1-x)^2 \times x=\dfrac{1}{2}\times \pi \times(1-x)\times(1-x)\times 2x,$$

当 $1-x=2x$，即 $x=\dfrac{1}{3}$ 时，圆柱体积最大，此时矩形的面积为 $\dfrac{2}{9}$．

> **敲黑板** 矩形旋转得到圆柱体，根据圆柱体体积表达式与平均值定理求出最值．

12.【答案】 C

【解析】 当 $t=0$ 时，开始注水，先注入口杯中，水槽内没有水（$h=0$），只有 A，C 符合；注入一段时间后，口杯满溢，水槽中开始进水；当水槽内水平面高于口杯后，截面积增加，水面上升速度减

小,所以 C 是正确的.

13. 【答案】C

【解析】
$$V_{圆柱} = V_{外圆柱} - V_{内圆柱} = \pi R_{外}^2 h - \pi R_{内}^2 h$$
$$= \pi\left(\frac{1.8}{2} + 0.1\right)^2 h - \pi\left(\frac{1.8}{2}\right)^2 h$$
$$= 0.19\pi h = 0.19 \times 3.14 \times 2 \approx 1.19(立方米).$$

敲黑板 内径即为内部的直径,熔化问题中体积保持不变.

14. 【答案】D

【解析】截掉较小部分的体积=底面积×高,底面为一个弓形,于是 $S_{弓形} = S_{扇形} - S_{三角形} = \frac{1}{6} \times \pi \times 2^2 - \frac{1}{2} \times 2 \times \sqrt{3} = \frac{2}{3}\pi - \sqrt{3}$,故 $V = \left(\frac{2}{3}\pi - \sqrt{3}\right) \times 3 = 2\pi - 3\sqrt{3}$.

题型三:球体的基本概念

15. 【答案】B

【解析】球的表面积为 $S = 4\pi r^2$,如果表面积增加到原来的 9 倍,说明半径增加到原来的 3 倍,球的体积为 $V = \frac{4}{3}\pi r^3$,则体积增加到原来的 27 倍.

敲黑板 根据表面积公式得到半径增加的倍数,进一步求得体积增加的倍数.

16. 【答案】B

【解析】由于体积不变,所以实心大球的体积为 $4\pi + 32\pi = 36\pi(cm^3)$,可以求出大球的半径为 3 cm,故大球的表面积为 $S = 4\pi \times 3^2 = 36\pi(cm^2)$.

敲黑板 立体几何熔化问题中,熔化后重铸,体积不变.

17. 【答案】C

【解析】每个球形工艺品所需要的装饰材料的体积为
$$\frac{4}{3}\pi(R^3 - r^3) = \frac{4}{3}\pi(5.01^3 - 5^3)(cm^3),$$
10 000 个所需装饰材料的体积为 $\left[\frac{4}{3}\pi(5.01^3 - 5^3) \times 10\,000\right] cm^3$,而每个锭子的体积为 $20^3 = 8\,000(cm^3)$,所以需要的锭子数为 $\dfrac{\frac{4}{3}\pi(5.01^3 - 5^3) \times 10\,000}{8\,000} \approx 4$,所以最少需要 4 个.

敲黑板 本题利用熔化后体积不变的思路解决问题.

专题二 球与长方体、正方体、圆柱体的关系

题型：球与长方体、正方体、圆柱体的综合应用

1.【答案】B

【解析】图(a)是球体和其内接正方体,图(b)是内接正方体,即加工的最大正方体,设该正方体的棱长为 a,球体的半径为 R,由图(c)可知, $OC=BC=AB=\dfrac{a}{2}$,则

$$OA=\sqrt{\left(\dfrac{a}{2}\right)^2+\left(\dfrac{a}{2}\right)^2+\left(\dfrac{a}{2}\right)^2}=\dfrac{\sqrt{3}}{2}a,$$

即 $\dfrac{\sqrt{3}}{2}a=R$,则

$$a=\dfrac{2\sqrt{3}}{3}R, V=\left(\dfrac{2\sqrt{3}}{3}R\right)^3=\dfrac{8\sqrt{3}}{9}R^3.$$

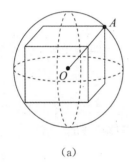
(a)
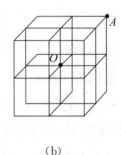
(b)
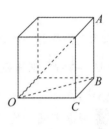
(c)

敲黑板 正方体的外接球直径就是正方体的体对角线.

2.【答案】C

【解析】$(2\pi\times10\times20)\times300+(10^2\pi+2\pi\times10^2)\times400=240\,000\pi\approx75.36$(万元).

敲黑板 根据不同几何体的表面积和单位面积的价钱求得总价.

3.【答案】C

【解析】$S_1=2\pi r^2+2\pi rh, S_2=4\pi R^2$. 结论: $S_1\leqslant S_2\Leftrightarrow 2\pi r^2+2\pi rh\leqslant 4\pi R^2\Leftrightarrow r^2+rh\leqslant 2R^2$.

条件(1), $R\geqslant\dfrac{r+h}{2}\Rightarrow 2R^2\geqslant\dfrac{(r+h)^2}{2}$,不充分;

条件(2), $R\leqslant\dfrac{2h+r}{3}\Rightarrow 2R^2\leqslant\dfrac{2(2h+r)^2}{9}$,不充分;

条件(1)和条件(2)联合, $\dfrac{r+h}{2}\leqslant R\leqslant\dfrac{2h+r}{3}\Rightarrow h\geqslant r\Rightarrow R^2\geqslant\dfrac{r^2+h^2+2rh}{4}\geqslant\dfrac{2rh+2rh}{4}=\dfrac{r^2+rh}{2}$,充分.

4.【答案】E

【解析】设球的半径为 R，圆柱的底面半径为 r，高为 h，则有 $\sqrt{h^2+(2r)^2}=2R \Rightarrow h=16$ 厘米，洞的内壁面积为 $S=2\pi rh=192\pi$（平方厘米），故选 E.

> **敲黑板** 设半径为 R 的球的内接圆柱体的底面半径为 r，高为 h，则三者之间一定满足
> $$r^2+\left(\frac{h}{2}\right)^2=R^2.$$

5.【答案】B

【解析】条件(1)，水面所截球体的圆的半径不知，故求不出球的半径，不充分；条件(2)，设已知水深 h 及铁球与水面交线的周长 C，可知与水面交线的半径 r_1，则 $r^2=(h-r)^2+r_1^2$，其中 r 是铁球的半径，那么能确定其体积，充分，故选 B.

> **敲黑板** 该题考查水深、球体半径和水面所截球体的圆的半径之间的关系.

6.【答案】E

【解析】该题考查半球的内接正方体. 当正方体为半球的内接正方体时，其表面积最大，此时，球半径(设为 R)与正方体棱长(设为 a)之间的关系为 $\left(\frac{\sqrt{2}}{2}a\right)^2+a^2=R^2$，即 $R=\frac{\sqrt{6}}{2}a$，由 $R=3$ 可知 $a=\sqrt{6}$，则正方体的表面积最大为 $S=6a^2=36$.

7.【答案】D

【解析】设球体半径为 R，内接正方体的棱长为 a，则 $V_{正方体}=a^3=8 \Rightarrow a=2$ m，由于球的直径即为内接正方体的体对角线，因此 $2R=2\sqrt{3} \Rightarrow R=\sqrt{3}$ m，则 $S_{球}=4\pi R^2=12\pi(\text{m}^2)$.

第四部分　数据分析

第九章　排列组合

专题一　加法原理和乘法原理

题型：两个计数原理的应用

1. 【答案】A

   【解析】分步处理，每一步选择一种血型，每种血型选择1人，则根据乘法原理，不同的选法共有 $10 \times 5 \times 8 \times 3 = 1\,200$(种).

2. 【答案】C

   【解析】先分步处理，按照题干所给内容分别分析 A, B, C 具体有多少种情况，再利用乘法原理进行计算.

   从 A 到 B，每人有2种选择，有 $2 \times 2 = 4$(种)情况；

   从 B 到 C，若没有人换，有1种情况，若有一个人换，有2种情况，共3种；

   从 C 到 A，若没有人换，有1种情况，若有一个人换，有2种情况，共3种.

   因此，由乘法原理，不同的方案共有 $4 \times 3 \times 3 = 36$(种).

   > **敲黑板**　第1,2题考查分步计数原理，先计算出每步情况数，再利用乘法原理即可.

专题二　组合、阶乘及排列的定义及公式

题型一：组合数、排列数的计算问题

1. 【答案】D

   【解析】因为 $\dfrac{3}{n-1} C_{n+1}^{n-2} = \dfrac{3}{n-1} C_{n+1}^{3} = \dfrac{3}{n-1} \cdot \dfrac{(n+1)n(n-1)}{3!} = \dfrac{n(n+1)}{2}$，又因为 $C_{m-1}^{m-2} = C_{m-1}^{1} = m-1$，

   所以 $m - 1 = \dfrac{n(n+1)}{2}$，可得 $m = 1 + \dfrac{n(n+1)}{2} = 1 + \sum\limits_{k=1}^{n} k$.

2.【答案】C

【解析】将选项依次代入检验,在验证选项 $x=2$ 时,左边$=\dfrac{1}{C_5^2}-\dfrac{1}{C_6^2}=\dfrac{1}{10}-\dfrac{1}{15}=\dfrac{1}{30}$,右边$=\dfrac{7}{10C_7^3}=\dfrac{1}{30}$,符合题意,选 C.

3.【答案】B

【解析】条件(1),$n=10$,由于 $C_{10}^4=C_{10}^6$,不充分;条件(2),$n=9$,可得 $C_9^4>C_9^3=C_9^6$,充分,选 B.

4.【答案】E

【解析】由 $C_{31}^{4n-1}=C_{31}^{n+7}$ 知,$4n-1+n+7=31$ 或 $4n-1=n+7$,解得 $n=5$ 或 $n=\dfrac{8}{3}$(舍去). 条件(1),解得 $n=3$ 或 4,不充分;条件(2),解得 $n=4$ 或 6,不充分;联合条件(1)和条件(2),得 $n=4$,亦不充分,选 E.

> **敲黑板** 第1~4题熟记组合数、排列数的计算公式和性质.

题型二：分类原理、分步原理的应用

5.【答案】C

【解析】第一位数字必须是5,其余4位数字只能在余下的9个数字中选,则由完全不同的数字组成的电话号码有 $P_9^4=3\,024$(个).

6.【答案】B

【解析】从 1,2,3,5,7,11 这六个数字中任选两个有 C_6^2 种,0乘以任何数都等于0,故有 $C_6^2+1=16$(种).

7.【答案】D

【解析】先将3名男工和2名女工选出来,再对选出来的这5个人分别安排五项不同的工作,共有 $C_5^3 \cdot C_4^2 \cdot P_5^5=7\,200$(种)方法.

8.【答案】A

【解析】条件(1),从10个车站选出两个车站,由于往返票有区别,故有 $P_{10}^2=90$(种)不同的车票,充分;条件(2),有 $P_9^2=72$(种)不同的车票,不充分,选 A.

9.【答案】B

【解析】正方形顶点两两相连有6条线,从中任取3条修桥,有 C_6^3 种,减去4种无法将四个岛连接的情况,共有 $C_6^3-4=16$(种)方法.

10.【答案】B

【解析】从15种商品中任意选出5种,有 $C_{15}^5=3\,003$(种)选法.

11.【答案】E

【解析】原本应该有 $C_4^2+C_4^2=12$(场)比赛,但是有一位选手少打了2场比赛,因此实际比赛为10场.

12. 【答案】A

【解析】条件(1)，有 $C_{11}^3 - C_6^3 - C_5^3 = 144$(种)，充分；条件(2)，有 $C_6^1 C_3^1 C_2^1 = 36$(种)，不充分，选 A.

13. 【答案】B

【解析】进行双循环赛，则每个队要进行 8 场比赛，最低积分为 0 分，最高积分为 24 分，由于 $23 = 3 \times 7 + 2$，没有得 2 分的情况，舍去，故赛完后一个球队的积分不同情况的种数为 $25 - 1 = 24$(种).

14. 【答案】D

【解析】分步完成，从 5 条平行直线中任取两条，再从另外 n 条平行直线中任取两条，共有 $C_5^2 C_n^2 = 280$(种)方法，解得 $n = 8 (n = -7, 舍去)$.

> **敲黑板** 第 6~8,10,14 题掌握两个原理的本质,在实际应用中才能做好区分.在具体分析题目时,通常先考虑分类,再考虑分步.

15. 【答案】B

【解析】反面求解，总情况减去来自相同专业的情况，有 $C_9^2 - C_2^2 - C_3^2 - C_4^2 = 26$(种)方式，故选 B.

16. 【答案】D

【解析】有 $C_6^2 - 2 = 13$(种)选课方式，故选 D.

> **敲黑板** 第 15,16 题正面情况较多且较复杂时,可考虑反面求解.

17. 【答案】D

【解析】题干中的要求是"选出两队参加混双比赛"，则选出 2 男 2 女，从 4 名男生中挑选 2 名男生 C_4^2，从 3 名女生中选出 2 名女生 C_3^2，再进行男、女配对 2!，最终为 $C_4^2 C_3^2 2! = 36$(种).

18. 【答案】D

【解析】第一步，从 5 个学科中选出两个学科，有 C_5^2 种，第二步，从每个学科中的 2 个候选人中再各选出一人，有 $C_2^1 C_2^1$ 种，所以共有 $C_5^2 C_2^1 C_2^1 = 40$(种).

19. 【答案】D

【解析】分两类：

第一类，甲选 1 名男同学、1 名女同学，乙选 2 名男同学，有 $C_3^1 C_3^1 C_4^2 = 54$(种)；

第二类，乙选 1 名男同学、1 名女同学，甲选 2 名男同学，有 $C_4^1 C_3^1 C_3^2 = 24$(种)；

则共有 78 种.

题型三：二项式定理

20. 【答案】E

【解析】$(x^2 + 3x + 1)^5 = (x^2 + 3x + 1) \cdot (x^2 + 3x + 1) \cdot (x^2 + 3x + 1) \cdot (x^2 + 3x + 1) \cdot (x^2 + 3x + 1)$，含 x^2 的项有两种：一种是选一个 x^2，其他选常数项；另一种是选两个 $3x$，其他选常数

项.故 x^2 的系数为 $C_5^1+C_5^2\cdot 3^2=95$.

题型四：站排问题

21.【答案】B

【解析】条件(1)，先从两名女生中选1名占据第一个位置，再将其余4位全排列，有 $C_2^1\cdot P_4^4=48$ (种)情况，不充分；条件(2)，先将指定男生放于第二个位置，注意"指定"不用选，再将其余4位全排列，有 $C_1^1\cdot P_4^4=24$ (种)情况，充分.选B.

22.【答案】A

【解析】当女子比赛顺序固定时，男子比赛顺序也固定，只需要将2名女生全排和3名男生全排，故有 $P_2^2\cdot P_3^3=12$ (种)情况.

题型五：相邻问题

23.【答案】D

【解析】将每一家的三口人都用"绳子"捆在一起，均看作一个整体，将三个家庭进行排序，同时对每个家庭内部还需进行排序，共有 $P_3^3\cdot P_3^3\cdot P_3^3\cdot P_3^3=(3!)^4$ (种)排法.

题型六：插空问题（解决元素的不相邻问题）

24.【答案】C

【解析】分为三类：两人安排在不同排就座，有 $C_4^1C_7^1P_2^2$ 种坐法；两人同在前排，有 $C_2^1C_2^1P_2^2$ 种坐法；两人同在后排，有 P_6^2 种坐法.所以不同的坐法种数为 $C_4^1C_7^1P_2^2+C_2^1C_2^1P_2^2+P_6^2=94$.

题型七：至多、至少问题

25.【答案】A

【解析】分类讨论，3人中至少有2位是男职工，包含2男1女和3男两种情况，共有 $C_5^2\cdot C_4^1+C_5^3=50$ (种)方案.

题型八：某元素不在某位置问题

26.【答案】A

【解析】**法一** 反面求解，$P_5^5-P_4^4=96$ (种).

法二 将其看成5个位置，最后一个位置从其余4个工种里面选一个，剩下的工种排在其他4个位置即可，故有 $C_4^1\cdot P_4^4=96$ (种).

题型九：分房问题（解决 n 个不同的元素进入 m 个不同的位置问题）

27.【答案】A

【解析】一个人不能参加不同培训，一个培训可以容纳多个人，因此直接套用公式，有 $3^5=243$ (种)报法.

题型十：元素不对号问题

28.【答案】 D

【解析】第一个部门的经理从其他三个部门里选一个任职(不妨设选了二号部门)有 C_3^1 种选法，二号部门原经理从其余三个部门里选一个任职有 C_3^1 种选法，余下两位经理的选法则均唯一确定，因此共有 $C_3^1 \cdot C_3^1 = 9$（种）不同的轮岗方案.

29.【答案】 C

【解析】本部门主任不能检查本部门，即 3 个对象的不能对号入座问题，有 2 种可能，再将 3 个外聘人员进行分配，共有 3! 种方式，所以共有 $2 \times 3! = 12$（种）.

题型十一：分组、分配问题

30.【答案】 B

【解析】先将 6 个班分为 3 堆，一堆 1 个班，一堆 2 个班，一堆 3 个班，有 $C_6^1 \cdot C_5^2 \cdot C_3^3$ 种，再将这 3 堆分给 3 名不同的教师有 P_3^3 种，因此共有 $C_6^1 \cdot C_5^2 \cdot C_3^3 \cdot P_3^3 = 360$（种）方法.

31.【答案】 C

【解析】由于每个邮筒至少投入 1 封信，因此有 2 封信投进同一个邮筒，从 4 封信中先选出 2 封，看作一个整体与余下的 2 封信，分别投进 3 个邮筒，共有 $C_4^2 \cdot P_3^3 = 36$（种）投法.

32.【答案】 A

【解析】由于每所中学至少有 1 名志愿者，因此有 2 名志愿者分到同一所中学，从 5 名志愿者中先选出 2 人，看作一个整体与余下的 3 人，分别分到 4 所不同的中学，共有 $C_5^2 \cdot P_4^4 = 240$（种）分配方案.

33.【答案】 D

【解析】从 6 名选手中选出 1 名一等奖有 C_6^1 种，从余下的 5 名选手中选出 2 名二等奖有 C_5^2 种，再把剩下的 3 名选手全选作为三等奖有 C_3^3 种，因此共有 $C_6^1 \cdot C_5^2 \cdot C_3^3 = 60$（种）结果.

34.【答案】 B

【解析】平均分组问题：$\dfrac{C_6^2 C_4^2 C_2^2}{3!} = 15$（种）.

> **敲黑板** 第 30~34 题分组需区分平均分组和非平均分组；分配需区分定向分配与非定向分配.

35.【答案】 B

【解析】不同元素分组，逐组挑选，已经明确有 2 张卡片指定的在同一组，余下 4 张卡片均分为 2 组消除顺序再分配，计算得 $\dfrac{C_4^2 C_2^2}{2!} 3! = 18$（种）.

> **敲黑板** 此题为平均分组与定向分配相结合，同时需要注意"指定"不需要再分组.

36.【答案】D

【解析】第一步,选出 2 名男职员与 2 名女职员成组,情况数为 $C_4^2 2!$ 种;
第二步,将余下 2 名男职员成组,有 1 种情况,所以总情况数为 12 种.

题型十二:除法原理

37.【答案】D

【解析】法一 排列组合中的定序问题.由关键词"没有重复",可知每个数字出现一次,这道题的要求是千位数字大于百位数字且百位数字大于十位数字,那么这 3 个数字的顺序是固定的,只需用组合法从 6 个数字中选取 3 个即可.个位没有要求,只需要从剩下的 3 个数字中选取一个,则四位数的个数是 $C_6^3 C_3^1 = 60$.

法二 6 个数字中选 4 个排列有 P_6^4 种,3 个元素有定序要求,所以个数是 $\dfrac{P_6^4}{3!} = 60$.

> 敲黑板 法二中,不用考虑 0 是否在首位的情况,因为其余 5 个数字均比 0 大,所以有 0 的四个数字在定序的要求下,0 一定不在首位.

题型十三:隔板法——相同元素分配问题

38.【答案】B

【解析】由于是相同的球,因此采用隔板法,10 个球之间有 9 个空,插入 3 块板就可分给 4 个盒子,有 $C_9^3 = 84$(种)方法.

> 敲黑板 该类型题的典型标志是待分配元素相同,分配对象不同.两个考查角度分别是分配对象的"空"与"不空",考生需要掌握对应的两个结论.
> 将 n 个相同元素分配给 m 个不同对象.
> (1)若每个对象至少有一个元素,则分配方案有 C_{n-1}^{m-1} 种(非空);
> (2)若分配对象允许没有元素,则分配方案有 C_{n+m-1}^{m-1} 种(空).

题型十四:全能元素问题

39.【答案】E

【解析】以全能人是否被选中分为两类:若全能人被选中,有 $C_7^2 = 21$(种);若全能人没有被选中,则 3 人中可能是 2 英 1 法或 1 英 2 法,有 $C_4^2 C_3^1 + C_4^1 C_3^2 = 30$(种),故共有 51 种.

题型十五:涂色问题

40.【答案】B

【解析】A 区域有 C_5^1 种,B 区域有 C_4^1 种,D 区域有 C_3^1 种,C 区域有 C_3^1 种,则不同的染色方法有 $C_5^1 C_4^1 C_3^1 C_3^1 = 180$(种).

第十章 概 率

专题一 古典概型

题型一：穷举问题

1.【答案】 D

【解析】连续掷两枚骰子,总情况数为 6^2;点 M 落入圆 $x^2+y^2=18$ 内(不含圆周)的情况数为 $a=1,b=1,2,3,4;a=2,b=1,2,3;a=3,b=1,2;a=4,b=1$,共 10 种,所以概率 $P=\frac{10}{36}=\frac{5}{18}$.

2.【答案】 B

【解析】条件(1),$a=3$,点 (s,t) 未落入圆 $(x-3)^2+(y-3)^2=3^2$ 内的有 $(1,6),(2,6),(3,6)$,$(4,6),(5,6),(6,1),(6,2),(6,3),(6,4),(6,5),(6,6)$,共 11 种,故落入圆内的概率 $P=1-\frac{11}{36}=\frac{25}{36}$,不充分;条件(2),$a=2$,点 (s,t) 落入圆 $(x-2)^2+(y-2)^2=2^2$ 内的有 $(1,1),(1,2),(1,3),(2,1),(2,2),(2,3),(3,1),(3,2),(3,3)$,共 9 种,故落入圆内的概率 $P=\frac{9}{36}=\frac{1}{4}$,充分,选 B.

3.【答案】 E

【解析】连续掷两次骰子,总情况数为 6^2;点 $P(a,b)$ 落在直线 $x+y=6$ 和两坐标轴围成的三角形内的情况数为 $a=1,b=1,2,3,4;a=2,b=1,2,3;a=3,b=1,2;a=4,b=1$,共 10 种,所以概率 $P=\frac{10}{36}=\frac{5}{18}$.

4.【答案】 C

【解析】样本点总数为 C_6^3.三个数字之和为 10,有 1,3,6;1,4,5;2,3,5,共 3 组,则概率为 $\frac{3}{C_6^3}=\frac{3}{20}=0.15$,故选 C.

5.【答案】 D

【解析】从 1 到 100 的整数中能被 5 整除的数有 20 个,从 1 到 100 的整数中能被 7 整除的数有 14 个,从 1 到 100 的整数中能被 35 整除的数有 2 个,则该数能被 5 或 7 整除的概率等于 $\frac{20+14-2}{100}=0.32$,故选 D.

6.【答案】 E

【解析】样本点总数为 $C_3^1 C_4^1$.满足 $a>b$:$(3,2),(3,1),(2,1)$ 共 3 种;满足 $a+1<b$:$(1,3),(1,4)$,$(2,4)$ 共 3 种.故概率为 $\frac{3+3}{C_3^1 C_4^1}=\frac{1}{2}$.

7.【答案】 A

【解析】从 10 张卡片中随机抽取 2 张,共有 C_{10}^2 种,从标号 1 到 10 的卡片中随机抽取 2 张,标号之和能被 5 整除,和可能为 5,10,15. 利用穷举法可知,和为 5 的有 1+4,2+3 共 2 种,和为 10 的有 1+9,2+8,3+7,4+6 共 4 种,和为 15 的有 8+7,9+6,10+5 共 3 种,则概率 $P=\dfrac{2+4+3}{C_{10}^2}=\dfrac{1}{5}$.

8. 【答案】D

【解析】反面求解.

样本点总数为 $C_6^1 \cdot C_5^2 = 60$.

利用穷举法,乙的卡片数字之和不大于甲的数字的情况:

甲抽到 6 时,乙可抽取 (1,2),(1,3),(1,4),(1,5),(2,3),(2,4),共 6 种情况;

甲抽到 5 时,乙可抽取 (1,2),(1,3),(1,4),(2,3),共 4 种情况;

甲抽到 4 时,乙可抽取 (1,2),(1,3),共 2 种情况;

甲抽到 3 时,乙可抽取 (1,2),共 1 种情况;

甲抽到 2 或 1 时,乙有 0 种情况.

故所求概率为 $1-\dfrac{6+4+2+1}{60}=\dfrac{47}{60}$.

> **敲黑板** 第 1~8 题属于穷举问题,通常使用穷举法的古典概型以解析几何和方程问题为背景,注意穷举过程中的重复与遗漏情况即可.

题型二:摸球问题

9. 【答案】D

【解析】"至少抽到 1 件次品"的反面为"1 件次品也没有",故所求概率

$$P=1-\dfrac{C_7^2}{C_{10}^2}=1-\dfrac{7}{15}=\dfrac{8}{15}.$$

10. 【答案】(1)E　(2)A

【解析】(1)这 5 只灯泡都合格的概率 $P=\dfrac{C_7^5}{C_{10}^5}=\dfrac{1}{12}$.

(2)这 5 只灯泡中只有 3 只合格的概率 $P=\dfrac{C_7^3 C_3^2}{C_{10}^5}=\dfrac{5}{12}$.

11. 【答案】E

【解析】概率 $P=\dfrac{C_D^1 \cdot C_{N-D}^1}{C_N^2}=\dfrac{2D(N-D)}{N(N-1)}$.

12. 【答案】D

【解析】取盒子的概率为 $\dfrac{1}{3}$,所以取到红球的概率为 $\dfrac{1}{3}\times\dfrac{4}{8}+\dfrac{1}{3}\times\dfrac{5}{8}+\dfrac{1}{3}\times 0=0.375$.

13. 【答案】D

【解析】总情况数为 C_4^2 种,恰有一球上有红色的情况数为 $C_2^1 \cdot C_2^1=4$(种),故概率

$$P=\dfrac{C_2^1 \cdot C_2^1}{C_4^2}=\dfrac{2}{3}.$$

14.【答案】A

【解析】得分不大于6,分三种情况:两红两黑、三黑一红、四黑. 故所求概率

$$P=\frac{C_6^2C_4^2+C_6^1C_4^3+C_6^0C_4^4}{C_{10}^4}=\frac{23}{42}.$$

15.【答案】A

【解析】取出的最大号码为4,即4号球必选,再从编号分别为1,2,3的三只球中任选2只,故所求概率 $P=\dfrac{C_1^1 \cdot C_3^2}{C_5^3}=0.3.$

16.【答案】A

【解析】条件(1),$n=5$,概率 $P=\dfrac{C_2^1C_3^1}{C_5^2}=0.6$,充分;条件(2),$n=6$,概率 $P=\dfrac{C_2^1C_4^1}{C_6^2}=\dfrac{8}{15}$,不充分,选A.

17.【答案】C

【解析】显然两条件单独都不充分,考虑联合,由条件(1),可得共有10只球,由条件(2),可得摸到黄球的概率 $P=\dfrac{m}{总球数}=0.3 \Rightarrow m=3$,即黄球为3只,选C.

18.【答案】B

【解析】从反面求解,至少有1件一等品的概率 $P=1-\dfrac{C_6^2}{C_{10}^2}=\dfrac{2}{3}.$

19.【答案】E

【解析】根据古典概型计算公式,抽出数学试卷的概率为 $\dfrac{4}{12}=\dfrac{1}{3}.$

20.【答案】E

【解析】从反面求解,对立面为3个球的颜色均不相同,则3个球的颜色至多有两种的概率

$$P=1-\dfrac{C_1^1C_2^1C_3^1}{C_6^3}=0.7.$$

题型三:随机取样问题

21.【答案】A

【解析】由6位数字组成,其中每位数字可以是0,1,2,…,9中的任意一个,故样本总情况数为 10^6,编码前两位不超过5的情况数为 $6^2 \times 10^4$,故所求概率 $P=\dfrac{6^2 \times 10^4}{10^6}=0.36.$

22.【答案】D

【解析】第4次将锁打开,那么前3次均没打开,所以概率 $P=\dfrac{9}{10} \times \dfrac{8}{9} \times \dfrac{7}{8} \times \dfrac{1}{7}=\dfrac{1}{10}.$

23.【答案】D

【解析】从前、中、后三种票中任意购买2张共有 $C_3^1 \cdot C_3^1$ 种方法(假设前后与后前是属于不同的情况),票价不超过70元的有前后、后前、中后、后中、中中、后后,共6种情况,所以概率

$$P=\frac{6}{C_3^1 \cdot C_3^1}=\frac{2}{3}.$$

24.【答案】A

【解析】将6人随机就座,总情况数为P_{10}^6;指定4个座位被坐满:先从6个人中选4个人坐这4个位置,余下2人随机坐剩下的6个位置,故情况数为$P_6^4 \cdot P_6^2$,从而所求概率$P=\dfrac{P_6^4 \cdot P_6^2}{P_{10}^6}=\dfrac{1}{14}.$

25.【答案】D

【解析】至少两面涂有红漆包括恰有两面涂漆、恰有三面涂漆,恰有两面涂漆有36个(每条棱上有3个),恰有三面涂漆的有8个(8个角上的小正立方体),共44个,故概率$P=\dfrac{44}{125}=0.352.$

26.【答案】A

【解析】从甲盒取出2支,分为三种情况,取出2支黑色笔、1支蓝色笔1支黑色笔或2支蓝色笔.

从甲盒取出2支黑色笔放入乙盒,再从乙盒取出2支黑色笔的概率为$\dfrac{C_3^2}{C_5^2} \cdot \dfrac{C_5^2}{C_7^2}=\dfrac{1}{7}$;

从甲盒取出1支黑色笔1支蓝色笔放入乙盒,再从乙盒取出2支黑色笔的概率为$\dfrac{C_2^1 C_3^1}{C_5^2} \cdot \dfrac{C_4^2}{C_7^2}=\dfrac{6}{35}$;

从甲盒取出2支蓝色笔放入乙盒,再从乙盒取出2支黑色笔的概率为$\dfrac{C_2^2}{C_5^2} \cdot \dfrac{C_3^2}{C_7^2}=\dfrac{1}{70}.$

因此从乙盒取出2支黑色笔的概率为$\dfrac{1}{7}+\dfrac{6}{35}+\dfrac{1}{70}=\dfrac{23}{70}.$

27.【答案】B

【解析】由$ax+by=0$能表示一条直线,故总情况数为$C_5^1 C_5^1-1$(减去a和b都取0,无法表示直线的情况),该直线斜率为-1,说明需满足$a=b\neq 0$,故有C_5^1-1种,从而所求的概率

$$P=\frac{C_5^1-1}{C_5^1 C_5^1-1}=\frac{1}{6}.$$

28.【答案】A

【解析】由于有0只,1只,2只,…,10只铜螺母是等可能的,每种可能性均为$\dfrac{1}{11}$,分为11种情况讨论,故所求概率$P=\dfrac{1}{11}\times\dfrac{1}{11}+\dfrac{1}{11}\times\dfrac{2}{11}+\cdots+\dfrac{1}{11}\times\dfrac{11}{11}=\dfrac{6}{11}.$

29.【答案】C

【解析】先从6双中确定4双,再从每双中均取一只,故所求概率$P=\dfrac{C_6^4 C_2^1 C_2^1 C_2^1 C_2^1}{C_{12}^4}=\dfrac{16}{33}.$

30.【答案】B

【解析】假设产品有100件,则合格的有95件,其中二等品有$95\times(1-60\%)=38$(件),所以二等品的概率是$\dfrac{38}{100}=0.38.$

31.【答案】A

【解析】在36人中随机选2人,总情况数为C_{36}^2;两人血型相同的情况数为$C_{12}^2+C_{10}^2+C_8^2+C_6^2$,故所求概率$P=\dfrac{C_{12}^2+C_{10}^2+C_8^2+C_6^2}{C_{36}^2}=\dfrac{77}{315}$.

32.【答案】E

【解析】每位顾客从4种赠品中任选2件,总情况数为$C_4^2C_4^2$;两人恰有1件相同,说明每人的另外1件不同,情况数为$C_4^1C_3^1C_2^1$,故所求概率$P=\dfrac{C_4^1C_3^1C_2^1}{C_4^2C_4^2}=\dfrac{2}{3}$.

33.【答案】C

【解析】有三次试开的机会,第一次试开的概率为$\dfrac{1}{P_{10}^3}$,第二次试开的概率为$\dfrac{P_{10}^3-1}{P_{10}^3}\cdot\dfrac{1}{P_{10}^3-1}=\dfrac{1}{P_{10}^3}$,第三次试开的概率为$\dfrac{P_{10}^3-1}{P_{10}^3}\cdot\dfrac{P_{10}^3-2}{P_{10}^3-1}\cdot\dfrac{1}{P_{10}^3-2}=\dfrac{1}{P_{10}^3}$,故所求概率$P=\dfrac{3}{P_{10}^3}=\dfrac{1}{240}$.

34.【答案】D

【解析】从9人中任意抽调4人,总情况数为C_9^4.包括张三,则张三必选,再从其余人中任选3人即可,情况数为$C_1^1\cdot C_8^3$,故概率$P=\dfrac{C_1^1\cdot C_8^3}{C_9^4}=\dfrac{4}{9}$.

35.【答案】E

【解析】从10人中选3人,总情况数为C_{10}^3.从每个专业各选1人,情况数为$C_5^1C_4^1C_1^1$,故所求概率
$$P=\dfrac{C_5^1C_4^1C_1^1}{C_{10}^3}=\dfrac{1}{6}.$$

36.【答案】C

【解析】从8个人中选出4人与种子选手搭配,将其看作两个不同的小组,两个种子选手可交换,故所求概率$P=\dfrac{C_8^4\cdot P_2^2}{C_{10}^5}=\dfrac{5}{9}$.

37.【答案】B

【解析】样本空间中有6个样本点:513,135,353,535,531,319,商品的价格为其中之一,因此顾客一次猜中价格的概率为$\dfrac{1}{6}$.

38.【答案】E

【解析】穷举法,三个闭合两个,有S_1S_2或者S_1S_3或者S_2S_3三种情况,其中有两种可以让灯泡亮,所以概率为$\dfrac{2}{3}$.

39.【答案】D

【解析】利用穷举法.条件(1),当$k=-1$或0时,$b=-1$;当$k=1$时,b都可以,共5种,故概率$P=\dfrac{5}{9}$,充分.条件(2),当$k=-2$或-1时,$b=-1$;当$k=2$时,b都可以,共5种,故概率$P=\dfrac{5}{9}$,充分.

40.【答案】B

【解析】随机选择3月1日至3月13日中的某一天到达该市,总情况数为13,其中通过题图观察,停留期间空气质量都是优良的只能是1日、2日、12日、13日这4天到达,因此所求概率

$$P=\frac{4}{13}.$$

41.【答案】E

【解析】在64个小正方体中三面是红漆的有8个(8个角上的小正方体),从中任取3个,总情况数为C_{64}^3,所求概率$P=1-\frac{C_{56}^3}{C_{64}^3}\approx 0.335$.

42.【答案】D

【解析】设共发行100张彩票(总面值500元),50张是能够中奖,其中50元奖金的有x张,5元奖金的有$50-x$张,则$50x+5(50-x)\leqslant 500\times(1-32\%)\Rightarrow x\leqslant 2$,即获得50元奖金的概率

$$p\leqslant 0.02.$$

43.【答案】E

【解析】总情况数为$C_6^2\cdot C_4^2\cdot C_2^2$,每组志愿者都是异性,即先将3名男志愿者分别分到甲、乙、丙三组有P_3^3种方法,再将3名女志愿者分别分到甲、乙、丙三组也有P_3^3种方法,因此所求概率

$$P=\frac{P_3^3\cdot P_3^3}{C_6^2\cdot C_4^2\cdot C_2^2}=\frac{2}{5}.$$

44.【答案】C

【解析】两条件单独显然都不充分,考虑联合.设球的总数量为10只,由条件(1),可得白球有4只,设黑球为n只,由条件(2),两球中至少有一只是黑球的概率$P=1-\frac{C_{10-n}^2}{C_{10}^2}<\frac{1}{5}\Rightarrow n<1$,因此红球数量要大于5只,即红球最多.

> **敲黑板** 随机取样问题注意取样方式的区别,掌握《MBA MPA MPAcc MEM 管理类联考数学45讲》中不同取样方式的概率求解方法即可.

45.【答案】B

【解析】条件(1),$P=\frac{C_9^1\cdot C_1^1}{C_{10}^2}=\frac{1}{5}$,$Q=1-\frac{9}{10}\times\frac{9}{10}=0.19<\frac{1}{5}=P$,不充分;条件(2),$P=\frac{C_9^1\cdot C_1^1}{C_{10}^2}=\frac{1}{5}$,$Q=1-\frac{9}{10}\times\frac{9}{10}\times\frac{9}{10}=\frac{271}{1\,000}>\frac{1}{5}=P$,充分.

> **敲黑板** 需要注意与摸球问题的区别;同时注意,出现"至少一个"标志,反面求解.

46.【答案】B

【解析】总情况数为$C_{10}^3=120$,1至10中,质数有4个,因此恰有1个质数的情况数为$C_4^1\cdot C_6^2=$

60. 故所求概率为

$$P = \frac{60}{120} = \frac{1}{2}.$$

47.【答案】 C

【解析】条件(1)的反例为 20 部手机全为甲品牌手机,条件(2)的反例为 20 部手机全为乙品牌手机. 考虑联合,设甲品牌手机有 x 部,则乙品牌手机共有 $20-x$ 部,则可确定 x 的范围为 $[8,12]$,则恰有 1 部甲品牌手机的概率为 $p = \frac{C_x^1 C_{20-x}^1}{C_{20}^2} = \frac{x(20-x)}{190} > \frac{1}{2}$,解得 $10-\sqrt{5} < x < 10+\sqrt{5}$,$[8,12]$ 在此范围内,所以联合充分.

48.【答案】 D

【解析】$\dfrac{C_9^3}{C_{10}^3} = 0.7.$

题型四:分房问题

49.【答案】 C

【解析】将 3 人分配到 4 间房的每一间中,总情况数为 4^3,某指定房间中恰有 2 人的方法为 $C_3^2 C_3^1$,故所求概率 $P = \dfrac{C_3^2 C_3^1}{4^3} = \dfrac{9}{64}.$

50.【答案】 D

【解析】将 3 人分配到 4 间房的每一间中,总情况数为 4^3,第一、二、三号房中各有 1 人的情况数为 P_3^3,故所求概率 $P = \dfrac{P_3^3}{4^3} = \dfrac{3}{32}.$

51.【答案】 B

【解析】将 3 人分配到 4 间房的每一间中,总情况数为 4^3,恰有 3 间房各有 1 人的情况数为 $C_4^3 \cdot P_3^3$,故所求概率 $P = \dfrac{C_4^3 \cdot P_3^3}{4^3} = 0.375.$

52.【答案】 D

【解析】将 3 只球随机放到 3 个盒子中,总情况数为 3^3,"乙盒中至少有 1 只红球"的反面是"乙盒中没有红球",即白球可从三个盒子中任选 1 个,而 2 只红球都只可以从两个盒子(除乙盒)中任选 1 个,故所求概率 $P = 1 - \dfrac{C_3^1 \cdot C_2^1 \cdot C_2^1}{3^3} = \dfrac{5}{9}.$

敲黑板 掌握常见的分房问题模型(参见《MBA MPA MPAcc MEM 管理类联考数学 45 讲》),重点区别"人"与"房"在题目中的具体对应对象;区别关键词"恰有"与"指定",同时注意房间中人数.

专题二　相互独立事件与伯努利概型

题型一：事件的独立性

1.【答案】 D

【解析】 乙选手输掉1分的情况为乙第一回合失误或乙第二回合失误，故概率
$$P=0.3+0.7\times0.6\times0.5=0.51.$$

2.【答案】 (1)E　(2)D

【解析】 (1)三人中至少有两人投进包括恰有两人投进和三人投进两种情况，故所求概率
$$P=0.9\times0.8\times0.3+0.9\times0.2\times0.7+0.1\times0.8\times0.7+0.9\times0.8\times0.7=0.902.$$
(2)三人中至多有两人投进的反面为三人都投进，故概率 $P=1-0.9\times0.8\times0.7=0.496.$

3.【答案】 E

【解析】 根据电路串联和并联的知识，若使整个系统正常工作，则两个 D 元件一定要正常工作，A,B,C 至少有一个正常工作，故概率 $P=s^2[1-(1-p)(1-q)(1-r)].$

4.【答案】 C

【解析】 "不全发生"的反面为"全发生"，故概率 $P=1-p^3=(1-p)^3+3p(1-p)$，选 C.

5.【答案】 B

【解析】 由于产生 A 类细菌与 B 类细菌的机会相等，因此此题相当于"抛 n 次一枚质地均匀的硬币，至少有一次正面向上的概率"，因此所求概率为 $1-\left(\dfrac{1}{2}\right)^n.$

6.【答案】 D

【解析】 若甲第一次投正面，即获胜，其概率为 $\dfrac{1}{2}.$

若第一次甲投反面，第二次乙投正面，即乙获胜，其概率为 $\dfrac{1}{2}\times\dfrac{1}{2}=\dfrac{1}{4}.$

若前两次甲、乙均投反面，第三次丙投正面，即丙获胜，其概率为 $\dfrac{1}{2}\times\dfrac{1}{2}\times\dfrac{1}{2}=\dfrac{1}{8}.$

以上为第一轮就决出了胜负，如果第一轮大家都是反面，接着第二轮，……，所以

甲获胜的概率为 $\dfrac{1}{2}+\left(\dfrac{1}{2}\right)^4+\left(\dfrac{1}{2}\right)^7+\cdots=\dfrac{\dfrac{1}{2}}{1-\left(\dfrac{1}{2}\right)^3}=\dfrac{4}{7};$

乙获胜的概率为 $\left(\dfrac{1}{2}\right)^2+\left(\dfrac{1}{2}\right)^5+\left(\dfrac{1}{2}\right)^8+\cdots=\dfrac{\left(\dfrac{1}{2}\right)^2}{1-\left(\dfrac{1}{2}\right)^3}=\dfrac{2}{7};$

丙获胜的概率为 $\left(\dfrac{1}{2}\right)^3+\left(\dfrac{1}{2}\right)^6+\left(\dfrac{1}{2}\right)^9+\cdots=\dfrac{\left(\dfrac{1}{2}\right)^3}{1-\left(\dfrac{1}{2}\right)^3}=\dfrac{1}{7}.$

7.【答案】B

【解析】到达 $x=3$，有三种情况：①连续移动三次，每次均向 x 轴的正向移动一个单位；②连续移动两次，第一次向 x 轴的正向移动一个单位，第二次向 x 轴的正向移动两个单位；③连续移动两次，第一次向 x 轴的正向移动两个单位，第二次向 x 轴的正向移动一个单位. 故所求概率

$$P=\left(\dfrac{2}{3}\right)^3+\dfrac{2}{3}\times\dfrac{1}{3}+\dfrac{1}{3}\times\dfrac{2}{3}=\dfrac{20}{27}.$$

8.【答案】E

【解析】以下几种情况均可闯关成功：

一	二	三	四	五
√	√			
×	√	√		
×	×	√	√	
√	×	√	√	
√	×	×	√	√
×	√	×	√	√
×	×	×	√	√

因此闯关成功的概率 $P=\dfrac{1}{4}+\dfrac{1}{8}+\dfrac{1}{16}+\dfrac{1}{16}+\dfrac{1}{32}+\dfrac{1}{32}+\dfrac{1}{32}=\dfrac{19}{32}.$

9.【答案】A

【解析】甲合格的概率 $P_1=1-\dfrac{C_8^1 C_2^2}{C_{10}^3}=\dfrac{14}{15}$，乙合格的概率 $P_2=\dfrac{C_6^3+C_6^2 C_4^1}{C_{10}^3}=\dfrac{2}{3}$，所以甲、乙都合格的概率 $P=\dfrac{14}{15}\times\dfrac{2}{3}=\dfrac{28}{45}.$

10.【答案】E

【解析】每天超过 15 人的概率为 $0.25+0.2+0.05=0.5$，此题相当于"将一枚质地均匀的硬币连续抛两次，至少有一次正面向上的概率"，因此所求概率 $P=1-0.5\times 0.5=0.75.$

11.【答案】B

【解析】该产品是合格品，即两道工序必须都合格. 条件(1)，$P=0.81\times 0.81<0.8$，不充分；条件(2)，$P=0.9\times 0.9>0.8$，充分. 选 B.

12.【答案】C

【解析】4 次之内停止，分两种情况：正；反正正. 发生的概率分别为 $\dfrac{1}{2}$ 和 $\left(\dfrac{1}{2}\right)^3$，因此所求概率

$$P=\frac{1}{2}+\left(\frac{1}{2}\right)^3=\frac{5}{8}.$$

13.【答案】 A

【解析】第一局甲获胜的概率为 0.3,第二局甲获胜的概率为 $0.5\times0.3+0.5\times0.8=0.55$,故甲最终获胜的概率为 $0.3\times0.55=0.165$.

14.【答案】 B

【解析】5 道题答对的概率是 $\frac{1}{2}$,4 道题答对的概率是 $\frac{1}{3}$,根据独立事件,全对概率是 $1^6\times\frac{1}{2^5}\times\frac{1}{3^4}$.

> **敲黑板** 该类型题紧扣独立性定义,通过事件发生是否相互影响判断出事件间的独立性,计算方法是相互独立事件同时发生的概率=每个事件发生的概率的乘积. 难点在于梳理事件间的关系.

15.【答案】 C

【解析】先胜两盘者赢得比赛,若要甲赢得比赛,则甲第二盘、第三盘都必须获胜,故甲赢得比赛的概率 $P=0.6\times0.6=0.36$.

16.【答案】 D

【解析】本题可以用反面求解法. 此人获奖的概率为 $1-(1-p)(1-q)=p+q-pq$.

条件(1),$p+q=1$,$p+q-pq=1-pq$,利用平均值定理,$p+q=1\geqslant 2\sqrt{pq}$,所以

$$pq\leqslant\frac{1}{4},1-pq\geqslant 1-\frac{1}{4}=\frac{3}{4},$$

充分.

条件(2),$pq=\frac{1}{4}$,$p+q-pq=p+q-\frac{1}{4}$,利用平均值定理,$p+q\geqslant 2\sqrt{pq}=1$,$p+q-\frac{1}{4}\geqslant 1-\frac{1}{4}=\frac{3}{4}$,充分,选 D.

17.【答案】 E

【解析】由题图可知,走到每一节点时,均有三种选择,其中不经过节点 C 有两种选择,因此走到每一节点时不经过节点 C 的概率为 $\frac{2}{3}$,共走 3 步,因此根据相互独立事件,最终概率为 $\left(\frac{2}{3}\right)^3=\frac{8}{27}$.

18.【答案】 D

【解析】反面求解,电流不能在 P,Q 之间通过的概率是 $0.1\times0.1\times0.01$,因此能够通过的概率是 $1-0.1\times0.1\times0.01=0.9999$.

题型二:伯努利独立重复试验

19.【答案】 C

【解析】根据伯努利公式,得到概率 $P=C_4^3\left(\frac{2}{3}\right)^3\frac{1}{3}=\frac{32}{81}$.

20. 【答案】A

【解析】显然总共进行 5 次试验,且最后一次成功,前 4 次中有一次成功,故概率为
$$P=C_4^1 \cdot p(1-p)^3 \cdot p=4p^2(1-p)^3.$$

21. 【答案】A

【解析】"至少剩下一个环未投"的反面是"剩下 0 个环未投",即 5 个环都要投,故概率
$$P=1-0.9^4.$$

22. 【答案】E

【解析】因为盒中球足够多,所以取出有限数量的球不影响概率,故甲盒中取红球的概率始终为 $\frac{2}{3}$,取黑球的概率始终为 $\frac{1}{3}$. 同样,乙盒中取红球的概率始终为 $\frac{1}{3}$,取黑球的概率始终为 $\frac{2}{3}$. 则甲盒中取 30 只红球、20 只黑球的概率为 $C_{50}^{30}\left(\frac{2}{3}\right)^{30} \times\left(\frac{1}{3}\right)^{20}$,乙盒中取 30 只红球、20 只黑球的概率为 $C_{50}^{20}\left(\frac{2}{3}\right)^{20} \times\left(\frac{1}{3}\right)^{30}$,则两者概率之比为 1 024.

23. 【答案】D

【解析】是 O 型的概率为 0.46,不是 O 型的概率为 0.54,5 人至多有一人是 O 型的概率
$$P=0.54^5+C_5^1 \times 0.46 \times 0.54^4 \approx 0.241.$$

24. 【答案】C

【解析】单独显然不充分,考虑联合. 三个路口均没有遇到红灯的概率
$$P=(1-0.5) \times(1-0.5) \times(1-0.5)=0.125.$$

25. 【答案】A

【解析】甲选手以 4∶1 战胜乙表示:总共比赛 5 局,前 4 局甲胜 3 局,第 5 局甲胜,因此所求概率
$$P=C_4^3 \times 0.7^3 \times 0.3 \times 0.7=0.84 \times 0.7^3.$$

26. 【答案】B

【解析】条件(1),概率 $P=C_{10}^7 \times\left(\frac{1}{5}\right)^7 \times\left(\frac{4}{5}\right)^3 \neq \frac{15}{128}$,不充分;

条件(2),概率 $P=C_{10}^7 \times\left(\frac{1}{2}\right)^7 \times\left(\frac{1}{2}\right)^3=\frac{15}{128}$,充分,选 B.

27. 【答案】E

【解析】单独显然不充分,考虑联合. 若同时向来犯敌机发射 4 枚导弹,则命中率为
$$P=1-(1-0.6)^4=0.974\ 4<99\%,$$

若同时发射导弹的数量小于 4 枚,则命中率也小于 99%,不充分,选 E.

28. 【答案】B

【解析】设流感发病率为 p,从反面思考,则至少有一人患该种流感的概率为 $1-(1-p)^3=0.271$,所以 $(1-p)^3=0.729$,得到 $p=0.1$,故条件(1)不充分,条件(2)充分,选 B.

29. 【答案】D

【解析】此人及格只需3道题中至少答对2题. 条件(1),概率 $P=C_3^2\left(\dfrac{2}{3}\right)^2\dfrac{1}{3}+\left(\dfrac{2}{3}\right)^3=\dfrac{20}{27}$,充分;条件(2),3道题全部答错的概率为 $\dfrac{1}{27}=\left(\dfrac{1}{3}\right)^3$,则答错各题的概率为 $\dfrac{1}{3}$,即答对各题的概率为 $\dfrac{2}{3}$,与条件(1)同理可得 $P=C_3^2\left(\dfrac{2}{3}\right)^2\dfrac{1}{3}+\left(\dfrac{2}{3}\right)^3=\dfrac{20}{27}$,充分.

30.【答案】D

【解析】条件(1),该库房遇烟火发出报警的概率 $P=1-(1-0.9)^3=0.999$,充分;

条件(2),该库房遇烟火发出报警的概率 $P=1-(1-0.97)^2=0.9991>0.999$,充分.

31.【答案】C

【解析】显然两条件单独不充分,考虑联合. 此人参加A类合格的概率为
$$C_3^2\times 0.6^2\times(1-0.6)+0.6^3=0.648,$$
此人参加B类合格的概率为 $0.8\times 0.8=0.64$,所以充分,故选C.

> **敲黑板** 使用伯努利公式的标志通常为"独立事件多次发生"和"事件发生的概率". 特别注意有终止条件的伯努利概型对应概率求解.

第十一章 数据描述

专题一 平均值

题型：平均值的计算与比较

1.【答案】B

【解析】第一季度产值为 $36-11+36+36+7.2=104.2$（万元），上半年产值的月平均值为 $\dfrac{104.2\times2.4}{6}=41.68$（万元）.

2.【答案】E

【解析】第 $6,7,8,9$ 次射击的平均环数为 $\dfrac{9.0+8.4+8.1+9.3}{4}=8.7$，则前 5 次总环数最多为 $8.7\times5-0.1$，要使前 10 次射击的平均环数超过 8.8 环，则总环数至少为 $8.8\times10+0.1$，则他第 10 次射击至少应该射中 $8.8\times10+0.1-(8.7\times9-0.1)=9.9$（环）.

3.【答案】E

【解析】根据平均分的定义可以计算出

$$甲的平均分=\dfrac{6\times10+7\times10+8\times10+9\times10}{40}=7.5；$$

$$乙的平均分=\dfrac{6\times15+7\times15+8\times10+9\times20}{60}\approx7.6；$$

$$丙的平均分=\dfrac{6\times10+7\times10+8\times15+9\times15}{50}=7.7.$$

故丙>乙>甲.

> **敲黑板** 有两种方法可以简化平均值的计算：一是可以每个数据都减去相同的值 a，求出剩余值的平均值，再加上 a 即可；二是利用一组数据的对称性.

4.【答案】D

【解析】由题干知三种水果的平均价格为 10 元/千克，得到三种水果的价格之和为 30 元/千克.
条件(1)，最低的为 6 元/千克，则其他两种水果的价格和为 24 元/千克，若其中一种水果的价格也为 6 元/千克，则另一种水果的价格为最高价 $24-6=18$（元/千克），未超过 18 元/千克，充分；
条件(2)，设三种水果价格的分别为 x 元/千克，y 元/千克，z 元/千克，则有 $x+y+z=30$ 和 $y+2z=46$，解得 $z=16$ 且 $x+y=14$，显然均不会超过 18 元/千克，充分. 选 D.

5. 【答案】A

【解析】将男员工年龄按照大小顺序排列结果为 23,26,28,30,32,34,36,38,41,将最后一个数 "41" 变为 "40",同时将第一个数 "23" 变为 "24",则该组数据的平均值不变,观察这组数据 24,26,28,30,32,34,36,38,40,根据对称性可知,男员工的平均年龄为 32 岁.同理,女员工的平均年龄为 27 岁.则全体员工平均年龄为 $\dfrac{32\times 9+27\times 6}{15}=30$(岁).

6. 【答案】C

【解析】条件(1),不知道化学系和地学系的平均分变化情况,不充分.同理,条件(2)也不充分.两个条件联合,可以看出总分比去年多了,每年人数不变,故平均分升高,充分.

7. 【答案】E

【解析】显然单独都不充分,考虑联合,不妨设 $a\leqslant b\leqslant c$.
由(1)可以得到 $a+b+c$ 的值;由(2)可以得到 a 的值.
由于 b 的值不确定,因此无法确定 c 的值,不充分.

8. 【答案】C

【解析】条件(1),当男同学的平均身高低于女同学的平均身高时,条件(1)不充分;条件(2),不确定增加的两名同学的平均身高,因此不充分.条件(1)和条件(2)联合,显然充分.

专题二　方差和标准差

题型：方差的计算与比较

1. 【答案】C

【解析】单独显然都不充分,考虑联合.由条件(1)可得 $a+b+c+d+e=50$,由条件(2)可得
$$(a-10)^2+(b-10)^2+(c-10)^2+(d-10)^2+(e-10)^2=10,$$
由于 a,b,c,d,e 均为整数,又
$$(7-10)^2=9,(13-10)^2=9,$$
因此 a,b,c,d,e 最小只能为 8,最大只能为 12,所以能确定集合 $M=\{8,9,10,11,12\}$,充分.

2. 【答案】A

【解析】条件(1),因为均值相等,所以 $3+4+5+6+7=4+5+6+7+a$,解得 $a=3$,充分;
条件(2),方差相等,S_1 的方差为
$$\dfrac{1}{5}[(3-5)^2+(4-5)^2+(5-5)^2+(6-5)^2+(7-5)^2]=2,$$
则 S_2 的方差为
$$\dfrac{4^2+5^2+6^2+7^2+a^2}{5}-\left(\dfrac{4+5+6+7+a}{5}\right)^2=2,$$
解得 $a=3$ 或 8,不充分.故选 A.

3.【答案】B

【解析】
$$\sigma_1 = \frac{1}{3}[(2-5)^2+(5-5)^2+(8-5)^2] = 6,$$
$$\sigma_2 = \frac{1}{3}[(5-4)^2+(2-4)^2+(5-4)^2] = 2,$$
$$\sigma_3 = \frac{1}{3}[(8-7)^2+(4-7)^2+(9-7)^2] = \frac{14}{3},$$

所以 $\sigma_1 > \sigma_3 > \sigma_2$.

> **敲黑板** 除了《MBA MPA MPAcc MEM 管理类联考数学 45 讲》中计算方差比较大小的方法之外，也可以通过观察不同组数据的波动水平直接判断.

4.【答案】B

【解析】将每个数减去 90.

语文成绩：0,2,4,-2,-4,5,-3,-1,1,3,得到的平均值为 0.5,所以语文成绩的均值为 90.5.

数学成绩：4,-2,6,3,0,-5,-6,-10,-8,8,得到的平均值为 -1,所以数学成绩的均值为 89.

因此语文成绩的均值大于数学成绩的均值,再由极差比较,语文成绩的极差为 95-86=9,数学成绩的极差为 98-80=18,所以数学成绩的数据比较分散,故数学成绩的标准差大.

5.【答案】C

【解析】好评率和差评率差值越小,观众意见分歧越大,因此观众意见分歧最大的前两部电影依次是第二部,第五部.